聰明大百科
物理常識
有 *go* 讚

www.foreverbooks.com.tw

yungjiuh@ms45.hinet.net

資優生系列 33

聰明大百科：物理常識有 GO 讚！

編　　著	陳毅豪
出 版 者	讀品文化事業有限公司
責任編輯	邱恩翔
封面設計	林鈺恆
美術編輯	王國卿

總 經 銷　永續圖書有限公司
　　　　　TEL ／(02)86473663
　　　　　FAX ／(02)86473660
劃撥帳號　18669219
地　　址　22103 新北市汐止區大同路三段 194 號 9 樓之 1
　　　　　TEL ／(02)86473663
　　　　　FAX ／(02)86473660
出 版 日　2019 年 01 月

法律顧問　方圓法律事務所　涂成樞律師
CVS 代理　美璟文化有限公司
　　　　　TEL ／(02)27239968
　　　　　FAX ／(02)27239668

國家圖書館出版品預行編目資料

聰明大百科：物理常識有 GO 讚！／陳毅豪編著.
　--初版.--新北市 ： 讀品文化, 民 108.01
　　面； 公分. --（資優生系列：33）
　　　ISBN　978-986-453-088-5（平裝）
　　1. 物理學　　2.通俗作品
　330　　　　　　　　　　　　　107020043

CONTENTS

黑暗終結者——神奇的光

②

光的朦朧美──
光的折射

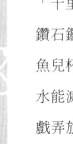

CONTENTS

有些狂人愛「觸」電
──關於電的趣聞

無論如何也甩不開的力
——有關磁力的故事

CONTENTS

⑤

讓人瞬間變骷髏的恐怖射線
——生活中的射線

⑥

七十二變的世界——
氣體、液體、固體

CONTENTS

把世界放進嘴巴裡暖一暖
——熱能與溫度的關係

黑暗終結者——
神奇的光

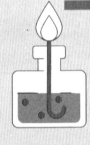

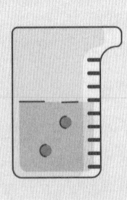

美人復活記

人去世之後，就會永遠地離開這個世界。活著的人思念他們的時候也只能懷念，難道真的沒有起死回生的方法嗎？有，而且早在漢朝這種方法就已經出現了。

西漢的漢武帝開闢了漢朝繁榮昌盛的一個高潮，他一上台，就加強了對地方和邊境的控制，發展農業和水利，強化對百姓的統治，推崇儒家學說，使得天下充滿了祥和穩定的氣氛。可是，作為這太平盛世的締造者，漢武帝卻並不開心。這是為什麼呢？

原來，他非常喜歡一位女子——李夫人，她長得窈窕俊美，能歌善舞，深得漢武帝的寵愛。李夫人生病的時候，漢武帝曾經親自前去床前問候。但就算是這樣，漢武帝依然沒有挽回李夫人的生命，她最終還是撒手而去。

雖說漢武帝妻妾成群，但是他對李夫人的思念絲毫沒有減少，經常在深夜看著李夫人的畫像發呆。

有一天，他把少翁叫到面前。這個少翁是個出名的方

士。什麼是方士呢？就是中國古代好講神仙方術的人，什麼修煉成仙啊，長生不老啊，能見鬼神啊，總之就是具有各式各樣神祕能量的人，這些人很得統治者的信任。據說少翁活到了兩百歲仍然面如童子，所以得名「少翁」。

漢武帝對他十分信任，認為少翁一定有辦法緩解自己的思念之情。

「朕非常思念李夫人，能否再見她一面？」漢武帝問。

「可以，但是只能在遠處看，不能同在一個帷帳內；只能夜晚見，不能在白天相逢。」

「那怎麼才能見到呢？」

「深海裡有一種潛英石，青色，有暗花，它輕如羽毛，極冷溫暖，極熱時又冰涼。如果能夠取來潛英石，將它製成李夫人的模樣，皇上便能見到李夫人了。」

少翁的一席話，讓武帝心動不已。他立即派人去尋找潛英石，少翁拿到潛英石後，立馬就動工按李夫人的畫像將石頭刻成人形。

入夜，一切準備就緒，少翁讓漢武帝坐在一個帷帳裡觀看。少翁自己則在另一個帷帳中，他面前燈燭齊明，列案擺著美酒肉脯，口中念念有詞。這時，李夫人出現在前面的帳中，武帝頓時心花怒放。不過時間不長，李夫人就徐徐退去，武帝無法靠近她。李夫人翩翩而來又匆匆離去，這讓漢

武帝更添相思之苦，於是悲從中來，做了一首詩：「是也非也，泣而望之，偏何姍姍其來遲？」

其實，與其說少翁是一個方士，不如說他是一個物理學家。他只是利用了光影的關係來讓李夫人起死回生的。在光線的傳播過程中，如果被物體擋住，物體後面就會出現影子。所以，成影要具備三個條件：光源、物體和螢幕。在少翁的影戲中，光源是燈燭，被光照射的物體是李夫人的潛英石刻像，螢幕是帷帳。刻像的影子投射到帷帳上，就顯現出李夫人的身體模樣。移動刻石時，影子也移動，這就好像是李夫人在走動。

如今，這種利用石刻的影子來表演的影戲被稱為「石影戲」，少翁的小花招是中國歷史上最早記載的影戲。除了石影戲，大家還見過哪些影戲呢？

物理碰碰車
民間的光影戲法——皮影戲

皮影戲，又叫「影子戲」，是一種以獸皮或紙板做成的人物剪影，在燈光照射下用隔亮布進行表演的傀儡戲。表演時，藝人在白色幕布後面一邊操縱戲曲人物，一邊用當地流行的曲調講述故事，配合傳統的打擊樂和絃樂，富有濃厚的鄉土氣息。

皮影藝術起源於陝西、山西和河南等地，四川、福建、廣東、湖南、河北等地區也有分佈。其中陝西的皮影最為出名，其皮影形象繼承了傳統畫像的概括手法，而臉譜、服裝吸取了戲曲的精華。現在，皮影戲已經被列入「非物質文化遺產」，走向世界指日可待。

最喜歡走捷徑的光線

你知道樹蔭下的光斑是怎麼形成的嗎？那其實就是光沿直線傳播的特性引起的。在同種介質中，光是沿直線傳播的。不過，這個結論，幾千年前就被人發現了。

2000多年前的一天，正在樹下乘涼的思想家墨子發現了光斑現象，馬上回家做了實驗。這就是世界上最早的光直線傳播實驗——小孔成像實驗。

他在一間黑暗小屋朝陽的牆上開了一個小孔，讓人對著這個小孔站在屋外，此時，屋裡相對應的牆上就會出現一個倒立的人影。

由此，墨子得出結論：光穿過小孔時是沿直線進行的。由於人的頭部遮住了上面的光，形成的影子就在下面，而足部遮住了下面，影子就在上面，因此形成了倒立的影子。

這就是影子的來源！光從光源發出來，沿直線前進，忽然，前面有人擋住了路，光照不過去了，於是，在个透光的人後面沒有光照的地方就形成了影子。而影戲，是利用紙剪

或雕刻的人、物在白幕後表演，並用光照射，人、物的影像就會映在白幕上了！

這個「小孔成像」的實驗證明了「光」是一個小懶蟲，最喜歡走捷徑。在同一種介質中只會沿直線傳播，也就是說它會在傳播時，選擇一條最短的路線，即便是那種不能夠直接到達，需要中途經過鏡面反射時，它也會選擇一條用時最短的路線。

物理碰碰車
墨家眼中的「物和影」

墨家利用光的直線傳播特性，解釋了物和影的關係。飛翔著的鳥，影子也彷彿在飛。墨家分析了光、鳥、影的關係之後，認為影子自身並不直接參加運動。

墨家指出，鳥影是由於直線行進的光線照在鳥身上被鳥遮住形成的。鳥在飛動中，前一瞬間出現影子的地方，後一瞬間就被光照射消失了；新出現的影子是後一瞬間的光被遮住而形成，已經不是前一瞬間的影子。墨家由此得到了「景不徙」的結論，也就是說影子不直接參加運動。

墨家不僅解釋了一種科學現象，而且其中還蘊含著哲學原理。在2000年前，能夠有這種解釋，是相當可貴的。

倒立的畫像

古代的時候有這麼一個不太可靠的畫家，別人找他作畫，他不好好畫，經常是過了很久手上還只是一塊畫板。但是主人家聽了他的建議之後又能馬上拿到畫，所以很多人家都對他是無可奈何。什麼畫家這麼厲害，不用畫畫就能收錢呢？下面的故事能告訴你答案。

柯達在人們心中具有很高的地位。在一次招聘會，大學剛畢業的文娟前往招聘現場找工作，柯達公司前面人山人海，她好不容易才把履歷遞過去。

過了幾天，她收到了柯達的面試通知，與其他學生一樣做完一道試題之後，主管就讓他們回去等通知。幾天時間過去了，文娟又收到了柯達公司的通知，她入圍了複試，這一次五人一組去面試，到了最後一道題時，主考官問他們：「你們說說照相機的來歷吧！」其他人都被難住了，此時的文娟胸有成竹地說：「照相機的發明也經歷了一個漫長的階段。」

「2000多年前，中國的韓非子在他的著作裡提到過，有個人請畫匠為他畫像，可是3天以後他看到的只是一塊木板，便勃然大怒。可是，這位畫師胸有成竹地說，『別急，請你修一座不透光的房子，在房子一側牆上開一個大窗戶，就可以看到對面牆上你的畫像啦！』畫匠說得理直氣壯，這個要求畫像的人也只好半信半疑地照著這樣做了。果然，牆上出現了自己的『畫像』——當然，這『畫像』是倒立的。」

「這就是物理學上的『小孔成像』原理，照相機是根據這一原理研製而成的。」

「到了16世紀，義大利畫家根據這一原理發明了一種『攝影暗箱』，具有照相機的某些特徵。這種『攝影暗箱』能不能稱為照相機呢？不能，因為它並不能把圖像記錄下來，還要用筆把投影的像描繪下來，這只能叫投影，不叫攝影。」

「接著達盂爾發現一種特別先進的感光材料——碘化銀，用它做成銀板感光片進行感光處理才能較好地顯現出圖像來。至此，世界上第一架有實際意義的照相機問世了。」

「不過，那時候的照相機很笨重，體積大，搬運不方便，而且還沒有發明電燈，照相要選擇晴朗的天氣，要讓照相的人在鏡頭前端端正正地坐上半個小時。為了使自己的姿容永留人間，達官顯宦們還是耐著性子等待。」

　　「後來蘭德和寶利來發明了『拍立得』照相機。拍攝一張照片，只需要短短的幾十秒。現在，科學家又發明了不用底片、清晰度高的數位照相機。」文娟說。

　　這一段精采的描述征服了現場的主考官，文娟被錄用為柯達的員工。從這段故事中，除了能夠找到那投機取巧的畫師，你有沒有發現光學原理與照相機之間的關係呢？說說看。

物理碰碰車
數位相機之父——塞尚

　　賽尚1973年碩士畢業之後就加入了柯達公司，成為應用電子研究中心的一位工程師。1974年，他擔負起發明「手持電子照相機」的重任。次年，第一台原型機在實驗室中誕生，他也因此成為「數位相機之父」。

色彩斑斕的光線家譜

對我們來說，顏色這東西並不陌生，眼睛所到之處隨時都有顏色闖入眼簾。可是，如果問你顏色到底是什麼，它從哪裡來，也許很多人都會瞪大眼睛，隨後搖搖頭。顏色，幾乎成了人類生活中最熟悉的陌生人。

其實，顏色的產生源自於物體與光之間的相互作用，是物體反射可見光的結果。

電磁波有著不同的波長，可以對人眼產生刺激的電磁波的波長在380~780nm（即奈米，$1nm＝10^{-9}m$）之間，處於這一範圍內的電磁波被稱為「可見光」。可見光是由7種顏色的光波組成的，按照波長從長到短排列是紅－橙－黃－綠－青－藍－紫，這種按一定順序排列的光就是光譜。可見，光的光譜是17世紀偉大的科學家牛頓用三稜鏡觀察到的。

不過，這光譜並不是科學家的專利，也不需要專業的儀器。如果看到過彩虹，那麼你就見過自然界最壯觀的光譜了！在這光譜中，能用肉眼看見的，就是可見光，不能用肉

眼看見的，就屬於不可見光。

言歸正傳，那麼電磁波是如何變成「色彩」鑽進大腦中的呢？電磁波想要變成顏色，必須備好下面三件「寶物」：可見光、物體以及信號接收器——眼睛。

看到顏色的方法主要有三種。由光源發出的色光被稱為「光源色」，帶來溫暖的陽光是我們最為熟悉的一種光源，此外，螢光燈、白熾燈、蠟燭這類光源也比較常見。但是，電視機、電腦顯示器也是一種光源，你一定沒想到吧？這些光源發出的光直接被眼睛接收，這是看到顏色的第一種方法。

第二種看到顏色的方法是最常見的。以紅色蘋果為例，這個「紅色」是蘋果表面反射可見光後呈現出來的顏色叫做「表面色」。

那麼表面色是如何產生的呢？我們依然以紅色蘋果為例。當可見光照射到蘋果上之後，除紅色之外的其他顏色的可見光全部被蘋果吸收了，而未被吸收的紅色光則被反射出來，這些被反射的紅色光刺激眼睛，此時大腦就會告訴你：「這顆蘋果是紅色的。」

第三種看到顏色的方法是透過色刺激眼睛。可見光透過透明或者半透明物體時所呈現出的顏色被稱為「透過色」。

童年的時候，我們都有過拿著彩色玻璃看太陽的經歷，實際上我們看到的顏色就是「透過色」。與表面色的形成相

似，透過色是由於透明或者半透明物體吸收了其他的顏色，剩下的一種或者幾種未被吸收的顏色刺激眼睛之後，大腦就會對所看到的顏色做出反應。

總而言之，光的本質是一種電磁波，這種電磁波與物體相遇之後產生了奇妙的物理變化，這種神奇變化的產物就是色彩。

物理碰碰車
不一樣的彩虹

在我們的印象中，彩虹都是七種顏色組成的，這七種顏色分別是「紅－橙－黃－綠－青－藍－紫」。不過，如果你在英國和美國說彩虹有7種顏色，人們一定會異樣的眼光來看你，因為在他們的觀念中，彩虹只有6種顏色。而德國人和法國人則認為彩虹只有5種顏色，甚至有的國家和地區認為他們的彩虹只有四色或者三色。

其實，各地的人看到的彩虹並沒有區別，而是教育的差別造成了人們對色彩不同的認識。

事實上，彩虹是一條連續的色彩帶，包括無數的顏色，人們是為了方便把彩虹劃分為7種顏色而已。那些把彩虹劃分為更少顏色的國家和地區，也許比我們更貪圖方便吧！

增白劑中的光學祕密

洗衣粉的廣告中經常會提到洗衣粉的去汙能力超強，可以讓白色衣服潔淨如新。絕大多數消費者都認為這是洗衣粉中所含的化學物質善於去除污漬，但實際上，生產商應用的是物理原理，你一定沒有想到吧？

青青小的時候只有一件白襯衫，這件襯衫是媽媽專門買來讓她在便服日的時候穿的。青青非常珍惜這件衣服。隨著穿的次數增多，衣服漸漸發黃，青青心裡暗自心疼。不久，她得到了一個小偏方，說是洗衣服的時候在水盆裡滴幾滴純藍墨水，漂洗過後白襯衫就會變白。青青洗過之後，發現衣服真的變白了，但是不知道是為什麼。

帶著這個問題，青青找到了自然老師。老師帶著青青一起來到實驗室，老師對青青說一個小實驗就可以解決你這個小問題。老師拿出一包增白劑，在碗裡加水調勻，然後叫青青把實驗室的窗簾拉上，並用強光照射。青青驚訝地發現溶有增白劑的水竟然發出了藍盈盈的光芒。

原來，增白劑並不是真正把衣服上的黃色褪掉，只是欺騙了你的眼睛。增白劑在陽光中紫外線的照射下會發出藍色的螢光，這種藍色螢光和衣服上的黃色光混合後再進入你的眼睛時，你就感覺到這是白色的，所以增白劑並不是與衣料或者汙物相互作用，而是透過物理原理影響衣物的觀感。許多洗衣粉和肥皂裡都是添加了增白劑來讓衣物看起來更白，而不是利用去污劑來增白。

　　當兩種顏色不同的光混合以後，人感覺到的就是另外一種顏色。比如用兩支手電筒分別罩上藍色和黃色的玻璃紙，把一束藍光和一束黃光照在牆壁上，如果光的強度調配好，重合的部分就是白色的。

　　自然界中大多數顏色都可以用紅、綠、藍三種顏色的光按不同比例混合而成，所以紅、綠、藍三種光又稱作「三原色光」。

物理碰碰車
電視機藏著的光學機密

　　彩色電視機螢幕上五光十色，你有沒有想過這些色彩是怎麼來的呢？其實它就是利用了紅、綠、藍三種不同的光混合而成的。

　　不信的話，你可以在看電視的時候做個實驗。電視上正

在播放節目的時候，拿著放大鏡去看電視畫面，此時你會發現電視機上的圖案消失了，取而代之的是一些緊緊挨在一起的彩色線條，這些彩色線條都呈現紅、綠、藍三種顏色。實際上。彩色電視上面所有的色彩都是這三種顏色按照不同的比例混合而成的。

隱藏在光譜兩端的 「隱形光」

雖然牛頓很早就發現了可見光譜，其實在可見光譜兩端還有兩位穿著隱形衣的「大俠」，下面我們去認識一下它們吧！

牛頓確定可見光波長之後的130多年，一位叫做威廉・赫歇爾的科學家發表文章，稱太陽光在可見光譜的紅光之外還有一種肉眼不可見的光譜，能夠放出比較高的熱量。這種紅光之外的光譜就是紅外線。他將太陽光用三稜鏡分解開，在不同顏色的色帶位置上放了溫度計，想要測量各種顏色的光的熱效應。但是結果卻大大出乎他的意料，位於紅光外側的那支溫度計升溫最快。因此赫歇爾得到結論：太陽光譜中，紅光的外側一定存在著我們看不到的光線，他把這光線叫做「紅外線」。

德國物理學家里特對赫歇爾的發現非常感興趣，他堅信

物理學中的事物都有對稱性，因此既然可見光譜紅端之外有不可見的輻射，那麼紫色端之外也一定有不可見的輻射。

　　1801年的一天，他用一張紙沾上少許氯化銀溶液，然後把紙片放在了紫光的外側。當時人們已經知道氯化銀在加熱或受到光照時會分解出銀，析出的銀由於顆粒很小呈黑色。過了一會兒，里特果然發現醮有氯化銀部分的紙片變黑了，這說明紙片的這一部分受到了一種看不見的射線照射。里特把這不可見的光叫做「去氧射線」，不久之後，被簡化為「化學光」。到了1802年，它最終得名「紫外線」，並一直沿用至今。

　　這兩個隱身大俠都具有比較高的能量。其中紅外線可以分為三部分：近紅外線、中紅外線和遠紅外線。紅外線的穿透能力很強，在通訊、探測、醫療、軍事等方面都有廣泛的用途。

　　同樣是根據波長，紫外線可以分為近紫外線，遠紫外線和超短紫外線。紫外線對人體的穿透程度不同。波長越短，對皮膚的危害越大。短波紫外線可以穿過真皮，而中波則可進入真皮。

物理碰碰車
能看到不可見光的動物們

你知道嗎？人類看不到的光線，好多動物都能看到哦！

1、響尾蛇：它可是感知紅外線的高手，就算在漆黑的夜晚，牠也能準確判斷出老鼠的動靜。

2、食人魚：著名的食人魚「水虎魚」，也是感知紅外線的高手，即便在渾濁的泥水中，牠也可以找到獵物。

3、蜜蜂：憑藉著高超的對紫外線的感知力，蜜蜂總能準確地找到蜜源！

是不是很神奇呢？動物也很厲害呢！

最亮的光──雷射

20世紀以來，繼原子能、電腦和半導體之後，人類有了一項重大發明，這個發明有很多雅稱：「最快的刀」、「最準的尺」、「最亮的光」，它就是「奇異的雷射」。說它是最亮的光一點都不奇怪，因為它的亮度是太陽光的100億倍。

早在1916年，美國著名的物理學家愛因斯坦就認為雷射是可以實現的，但是直到幾十年後雷射才首次成功地製造出來。

1958年，美國科學家蕭洛和湯斯發現了一種神奇的現象：將氖光燈泡發射的光照在一種稀土晶體上時，晶體分子會發出鮮艷的、而且會始終聚集在一起的強光。他們根據這一現象提出了「雷射原理」，發表了重要論文，並獲得了1964年的諾貝爾物理學獎。

1960年5月，美國加利福尼亞州的科學家梅曼則宣佈自己獲得了波長為0.6943微米的雷射，這是人類有史以來獲得

的第一束雷射，梅曼也因此成為世界上第一個將雷射引入實際生活領域的科學家。1960年7月，梅曼創造了世界上第一台雷射器。同年，前蘇聯科學家尼古拉·巴索夫發明了半導體雷射器。隨著雷射器的不斷出現，關於雷射的研究獲得異乎尋常的發展。

雷射是亮度極高的光。在雷射發明前，高壓脈衝氙燈的亮度是最高的，與太陽的亮度不相上下，而紅寶石雷射器的發明後所產生的亮度，能超過氙燈幾百億倍。而且當它照射在月球上時，它所產生的光斑肉眼可見。

另外，與其他光源不同的是，其他光源向四面八方發光，而雷射則是朝著一個方向射出，發散度極小。1962年，人類使用雷射照射月球，地球離月球的距離有38萬公里，但雷射在月球表面上產生的光斑還不到兩公里。

除了應用於天文學，雷射在生活的其他方面也有很大的用處。比如用雷射來切割鋼鐵、雷射手術等。不過，目前最受歡迎的用途應該是在雷射美容上！

物理碰碰車
雷射彩虹

　　2012年3月4日，為了迎接倫敦奧運會的到來，英國惠特利灣上空放置了七柱彩色雷射，形成巨大的「人造彩虹」，非常壯觀。這彩虹是由美國藝術家伊維特・麥滕斯創作，名為「環球彩虹」。這彩虹連續了展示五個晚上，吸引了很多民眾前往參加。

　　自然形成的彩虹各種色彩之間邊界是模糊的，但是由於雷射只朝著一個方向射出，而且純度很大，所以這幾束光只是拼在一起，彼此邊界十分清晰。

用盾牌殺死女妖的帕修斯

　　光的反射既可以作為武器殺死女妖，也可以讓一位美少年自戀到極點，光的反射究竟是什麼東西呢？它為什麼具有這樣的魔力？

　　光在兩種物質的分介面上改變傳播方向又被返回原來物質中的現象，就是「光的反射」。如果你遇到了「哈利波特」中那個能讓人瞬間石化的蛇怪，你會怎麼辦呢？看完下面這個故事也許你就能找到答案了。帕修斯面對可怕的蛇髮妖女梅杜莎時，僅借助一面盾牌就殺了她！

　　梅杜莎原本是個美麗的女子，但因受到詛咒之後變成一個頭上長滿蛇頭的女妖！跟蛇怪一樣，她的眼睛也不能看，否則會變成一塊石頭！那麼，帕修斯是怎麼殺死她的呢？一面盾牌、一個隱身魔法帽、一把寶刀就是帕修斯的裝備。很簡單是不是？可就是那個不起眼的盾牌，讓帕修斯取得了勝利！帕修斯戴上魔法帽，讓女妖看不到他，然後拿著擦亮的盾牌確認女妖的位置，一接近女妖，馬上就揮刀砍下了她的

頭顱。盾牌中女妖的身影就是光的反射。

　　另一個神話故事也很神奇！納爾克索斯是個美男子，幾乎所有的女子只要看他一眼都會愛上他。一天，他到泉邊喝水，忽然發現水中有個年輕人正在看自己。啊！這個年輕人太帥了，納爾克索斯對他一見鍾情！他目不轉睛地盯著那個影子，直到精疲力竭而死！

　　聽完這個故事，你一定笑壞了！怎麼會有人被自己的倒影迷死呢？不過，這只是個故事而已。但是其中也有一個光的反射現象，你找到了嗎？

物理碰碰車
光的反射定律

　　在反射現象中，反射光線、入射光線和法線都在同一個平面內；反射光線、入射光線分居法線兩側；反射角等於入射角。這就是光的反射定律，簡稱為「三線共面，兩線分居，兩角相等」。在反射現象中，光路是可逆的。

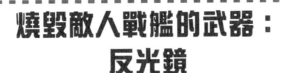

燒毀敵人戰艦的武器：反光鏡

現在你知道帕修斯是怎樣利用光的反射殺死梅杜莎的了吧？他利用光的反射，從盾牌中看到了梅杜莎的位置，然後靠近並殺死了她。而納爾克索斯，則完全不懂反射，竟被水面上自己的倒影給糊弄了，最後被世人傳為笑柄！

當然，除了帕修斯，阿基米德也是利用反射的高手！羅馬艦隊曾經進攻阿基米德的故鄉敘拉古。當時，浩浩蕩蕩的羅馬艦隊一邊狂叫一邊駛向毫無反抗力的敘拉古，眼看一場屠殺就要開始。

此時，阿基米德正鎮定地指揮著「鏡子軍團」，等羅馬人的艦隊一靠近海岸，他就下令把所有反光鏡的光束集中射到艦隊上。很快，艦隊船隻的甲板在反光鏡形成的焦點上冒起了青煙，隨後就起火燃燒，並迅速燒著了整個艦隊！阿基

米德勝利了！神奇的反光鏡，就這樣幫阿基米德戰勝了不可一世的羅馬軍團。

很厲害是不是？其實現代人也很厲害！注意過小汽車嗎？它右側的鏡子是一個凸面鏡，凸面會在反射時讓光發散出去，照射範圍更廣。

而與此相反的凹面鏡則可以集中光線，從而點燃物品。採集奧運聖火時，正是由於凹面鏡對光的集中性，才使得聖火一靠近凹面鏡就被點燃了！想試試用凹面鏡點燃東西嗎？那就馬上自己去試試吧！

物理碰碰車
神祕的「透光鏡」

中國古代有一種「透光鏡」，它的外形跟古代的普通銅鏡一模一樣，也是金屬製造的，它的背後有圖案文字。「透光鏡」的反射面磨得很亮，可以照人。

一般情況下，當一縷光線照射到鏡面上，光線反射後投射到牆壁上，應該會形成一個普通的圓形光亮區。但是「透光鏡」被反射之後光亮區竟然顯示出了鏡子背面的圖案和文字，就好像是透過來的一樣，這鏡子也因此得名「透光鏡」。不過，這其中的道理，現代的科學家也依然沒有搞清楚。

萬花筒中的「反射」世界

　　提到萬花筒，很多人都會想起小時候玩的那個玩具，往它裡面看得話，會看到很多美麗的圖案。那麼你想不想親自走進萬花筒中去看一下呢？

　　1900年的巴黎世界博覽會上，工作人員就建造了這樣一個房間，把人們帶進了萬花筒的世界。這個房間就是所謂的「幻景宮」，整個房間有一個六角形的大廳，大廳的牆壁全部由高度拋光的鏡子做成，而且在大廳的每個牆角都安裝了與天花板雕塑融為一體的柱式和簷形的建築裝飾。

　　一旦你走進去，就會發現自己淹沒在了人群中，而且所有的人都十分酷似你自己。整個房間像是一個望不到盡頭的由無數大廳組成的龐大建築，每一個大廳都裝修得一模一樣。這所房子之所以會讓人有這樣的感受，跟那豎著的六面鏡子的牆有關。

　　這個場館當時吸引了無數的人前往參觀，萬花筒的魅力由此可見一斑。在這個小小的可以轉動的直筒中，五顏六色的碎玻璃片透過鏡子的反射，變成豐富多彩、變化莫測的圖案出現在我們面前。

　　萬花筒是由英國人發明的，相傳早在17世紀它就已經開始流行了，後來人們開始用各色寶石代替了玻璃片子和珠子，如此經過改造的萬花筒很快由英國傳到法國，繼而傳到了世界各地。

　　正因為如此，萬花筒引起了從事裝飾工作的美術師們的興趣，並將它漸漸地從一個玩具改造成了一個輔助設計的工具，很多由它瞬間創造出了的圖案都妙不可言，美得讓人折服。

　　隨著科技的進步，能夠拍攝萬花筒中圖案的儀器，讓這些圖案在讓人驚歎之餘，也融入到了壁紙的花紋、織物的紋飾上，給大家的生活創造了美的享受。就這樣，昔日的玩具被賦予了新的審美意義。

物理碰碰車
多少年才能看盡萬花筒中的圖案

　　萬花筒的神奇之處在於只要你的手一動，眼前就會出現新的圖案組合。那麼，將萬花筒中的圖案全部看一半需要多少年呢？

　　假設我們在裡面放了20塊五顏六色的碎玻璃，然後每分鐘轉動10次來讓這些碎玻璃片形成新的圖案，我們要花費多少時間才能看完所有的圖案呢？即便不知道數學很差的同學也可以試著數一數，不過你最終會放棄的。因為你會發現根本沒有什麼重複的圖案出現，這件事情似乎沒有盡頭。

　　其實已經有好奇的科學家做過計算，想把這些圖案全部轉出來的話都至少要花上500000000000年，更別提一一細看了。

鏡子中的「魔法空間」

房子很小的話，人生活在裡面常常會感到壓抑，如果不動一磚一瓦就把房間變大，你能做到嗎？想知道這個妙招嗎？看了下面的故事，你就知道怎麼辦了！

這天，鄰居到妮妮家來做客，爸爸讓妮妮去買些水果，於是妮妮就和來做客的小軍哥哥一起來到了水果店。

他們就近走進了家附近一間裝潢好的水果店。

「哇！好多水果哦！」妮妮剛進門就被滿櫃檯的水果嚇呆了，以前這家水果店可不是這樣的。她大聲問售貨員：「你們擴大營業面積了嗎？」

售貨員神祕地笑了笑，搖了搖頭。

小軍哥哥左顧右盼，終於看出了門道。他對妮妮說：「不僅這裡的空間沒有這麼大，這裡的水果也沒有你看到的那麼多哦！」說完，他朝妮妮擠了擠眼睛。

妮妮一聽著了急，因為自己還沒有看出是怎麼回事呢！

小軍哥哥笑了笑，提醒妮妮說：「你仔細看看，水果後

面是什麼？」

妮妮對著後面看了又看，也笑了：「哈哈，我好粗心啊，竟然沒看出來那是鏡子。」

「你看，北面牆上有面大鏡子，西面牆上也有一面，天花板上也有一面。這些鏡子組合在一起，互相映照，這樣整個空間就看起來大了很多。」

售貨員聽了兩個人的對話，誇獎他們說：「聰明的孩子，理解力真強！鏡子能夠反射光線，鏡子這邊的物體能夠在鏡子中形成一個物像，這樣物品看起來就變多了，這就是我們這的水果看起來豐富了許多的原因；如果在鏡子的對面再放置一面鏡子，這樣鏡子就可以互相映照，空間似乎就變大了許多。鏡子就是我們把空間變大的法寶啊！」

物理碰碰車
空間魔法師──鏡子

不知道大家有沒有這樣的經歷，進入一家商店之後發現空間並不小，於是一直往前走。最後，「碰」地一聲，頭撞在了鏡子上。這就是鏡子製造的一種魔法空間。

在製造空間感、迷惑視覺方面，沒有物品能夠比鏡子做得更好。如果想要擴大室內空間，最好的方法是用鏡子覆蓋整個牆壁，讓房間中的所有傢俱都能在鏡面中成像，這樣室

內空間在視覺上可以增大一倍。如果想要創造出縱深感，可以在左右相對的牆面上都覆蓋鏡子，此時兩面鏡子互相映照，視覺上就會產生無限深遠的感覺。

「被砍下的人頭」會說話

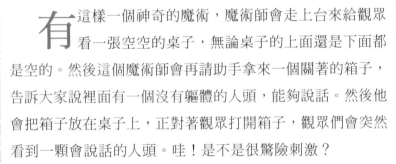

$\quad$有這樣一個神奇的魔術，魔術師會走上台來給觀眾看一張空空的桌子，無論桌子的上面還是下面都是空的。然後這個魔術師會再請助手拿來一個關著的箱子，告訴大家說裡面有一個沒有軀體的人頭，能夠說話。然後他會把箱子放在桌子上，正對著觀眾打開箱子，觀眾們會突然看到一顆會說話的人頭。哇！是不是很驚險刺激？

$\quad$不過，這樣的事情並不稀奇。在各地的博物館或者陳列館經常出現這樣的巡迴展覽，展出的都是些看似非常神奇的魔術。有時候你會看到一張桌子，桌子的盤子裡有一顆人頭。這個人頭會眨眼，會說話，會吃東西，儘管你無法走到桌前，但是你也能肯定桌子下面確實什麼都沒有。

$\quad$不過，「被砍下的人頭」真的會說話嗎？當然沒有，那麼魔術師又是怎樣辦到的呢？其實想拆穿這個魔術很簡單，下次看到這一幕的時候，悄悄地向桌子丟一個紙團，一切都會真相大白的。原來桌子周圍都已經被圍上了鏡子，如果你

再環顧四周，會發現屋子也空蕩蕩的，四面牆壁沒有任何差別，就連地板也是單一的顏色，其實這些也都是為了配合鏡子不被發現而故意設置的。

許多魔術與鏡子都是不可分割的，因為鏡子是最能造成觀眾視覺錯覺的道具，魔術師會用幽默的話語轉移我們的注意力，同時用熟練的手法讓我們信以為真。相信大家已經能夠揭祕之前的魔術了，那個箱子其實是一個沒底的空箱子，而桌面上有一塊可以折疊的板子。一旦魔術師把沒有底的空箱子放在桌子上，坐在桌子下面鏡子後面的人就會把頭伸出來。其實這種魔術還能設計成其他方式，你能不能創造一個呢？

物理碰碰車
照鏡子的燈應該放在哪裡

很多人喜歡在照鏡子的時候把燈放在身後，雖然他本來的願望是想看清楚自己在鏡中的影像，可是這樣做並不會讓鏡中的自己看起來更清晰。如果想要鏡子中的自己看起來更清晰，燈放在身前更合適，因為只有本體距離光源較近的時候，鏡子裡的影像才會跟著變亮一些。

光的反射與微觀世界

光的反射不僅可以讓我們的視野變得寬闊，它還打開了我們通往微觀世界的大門。顯微鏡的發明與光的反射原理也是不可分割的呢！

顯微鏡的發明者叫雷文霍克。16歲那年，他到一家雜貨店當學徒，隔壁正好開著眼鏡行，艱難的生活讓他比其他的小孩更加勤奮好學，於是他利用業餘時間在眼鏡行學會了磨眼鏡的技巧。後來，雜貨店倒閉，失去工作的雷文霍克到處流浪，最終在自己家鄉德夫特鎮政府當了一名看門人。在這段日子裡，雷文霍克感到十分無聊，於是，他又重新做起自己熱愛的工作——磨眼鏡。

33歲的時候，雷文霍克製做出了第一台顯微鏡。

這天，雷文霍克把鏡片磨得又薄又乾淨，站在陽台上，用它來觀察從空中落下的一滴滴雨水，他突然竟然發現雨水裡還有許多肉眼看不見的微小物體在游動。

「真是太有意思了。我還能不能磨出更好的鏡子呢？」

　　第一台顯微鏡激起了他的興趣，他一心想要看到更清楚的微觀世界，揭開這個世界裡更多的祕密。於是，他精心地磨呀磨，不停地調呀調，鏡片磨得發燙，手磨得起泡，但是想要揭開微觀世界的祕密這個信念都支撐他咬牙堅持著，他要把鏡片磨得再好一些、看得再清楚些！

　　後來他把磨好的鏡片固定在金屬板上，並裝上能夠調節鏡片的螺旋桿，不過這樣的鏡片看微觀物體時並不很清晰，因為背景光不夠明亮，整個圖看起來顯得非常暗沉。最終，雷文霍克在鏡片的下方又裝了一個反射鏡片，讓陽光可以反射到載物台上。有了這個反射鏡片，鏡片下的圖像看起來美觀了很多。

　　後來，雷文霍克相繼製造出了兩台放大150倍和270倍的顯微鏡。他用這兩台顯微鏡觀察了血液，繪製了紅血球和微血管圖，打開了微觀世界的大門，人們因此看到了更加奇妙的微生物世界。

　　伴隨著雷文霍克的顯微鏡的問世，後來許多科學家在他的基礎上進行了改進。1931年，恩斯特・魯斯卡成功地發明了電子顯微鏡，使人們能夠看到百萬分之一毫米小的物體，並引發了一場生物學革命。魯斯卡也因此獲得了諾貝爾獎。

物理碰碰車
同為顯微鏡，原理大不同

　　雷文霍克製作的顯微鏡是利用光線來觀察微觀事物，屬於光學顯微鏡。目前醫院裡化驗大小便、血液、分泌物、染色體等，用的仍然是光學顯微鏡。光學顯微鏡的分辨本領只能做到十萬分之四公分到十萬分之二公分左右，適合觀察細胞的整體形態。

　　電子顯微鏡誕生於20世紀30年代，它的放大能力比光學顯微鏡大1000倍。電子顯微鏡利用的物理原理可不是光線，它涉及的是物理學中的另一個領域——電磁學。它是用電子束和電子透鏡來代替光束和光學透鏡，讓物質的細微結構在非常高的放大倍數下成像。目前最先進的電子顯微鏡是隧道掃描顯微鏡，它可以把物體放大上百萬倍，甚至可以看到單個原子，它為人類打開了原子世界的大門。

光的朦朧美——
光的折射

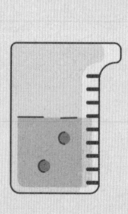

詭異的天邊綠光

昏暗的黃昏，太陽馬上就要落下去了。忽然，一條醒目又詭異的綠光出現在太陽上邊，不過只出現一下就消失了，就好像有一個神祕的物體從太陽旁邊飛過一樣！那是什麼呢？難道是外星人的飛船？

凡爾納的小說《綠光》中也記錄了一個年輕女主角尋找綠光的故事，不過這綠光並不只是出現在科學幻想中，它是實實在在存在的現象。只要你有足夠大的耐心，就能夠在海上日落時捕捉到這一奇景。

其實，所謂的「綠光」是太陽的上緣與地平線若即若離時發生的一種特殊現象，這時候你會發現那燦爛無比的天體放射出的最後一道光芒居然不是紅色的，而是綠色的。這種綠光，是人類無論在調色板、大自然的植物或者大海的色彩中都無法複製的。

那麼這抹綠光是怎樣形成的呢？如果你曾用玻璃三稜鏡觀察過紙張，也許你更容易理解下面的講解。

當你把三稜鏡的寬面朝下，水準地放置在眼前時，你試著用它去觀察釘在牆上的一張白紙，此時你會驚訝地發現白紙邊緣的顏色發生了變化，位置也比實際位置高出許多。這種現象是因為玻璃對不同顏色的光折射率不同而造成的。

我們看到紙的上面是從藍色過渡到紫色，因為紫色和藍色的光線比其他顏色的光線折射程度大；而這張紙的下緣是紅色的，因為紅色光線折射程度最小。

三稜鏡把來自紙的白光分解成為光譜上各個顏色的光，這些顏色按玻璃對該顏色的折射率大小順序而排列。有些光疊加後又變回了白色，但紙的上緣和下緣沒有發生這種現象，所以邊緣呈現出了不曾混合的顏色。

綠光的形成與三稜鏡的這一特性密切相關，地球的大氣層其實就是一個寬面朝下的巨大氣體三稜鏡。平時地平線上天空中的太陽通過三稜鏡時，強烈的光線壓過了邊緣比較弱的色彩，日落的時候，太陽的整體都藏在地平線以下，我們就能夠看到它上緣的藍邊。

邊緣是雙色的，上面是藍色，下面是藍色和綠色混合而成的蔚藍色。然而藍色的光線常常被大氣散射掉，最後只留下綠色的邊緣，這就形成了看起來十分詭異的「綠光」現象。

很多人受到凡爾納小說的影響，執著地尋覓這一奇景。

兩位阿爾薩斯的天文學家用天文望遠鏡捕捉到了這一現象。他們描寫到：「……日落前的最後幾秒，在太陽上沿的邊緣有一道綠色的窄邊兒。這情景無法用肉眼捕捉，只有在太陽要消失的那一瞬才能看見。當你拿起高倍望遠鏡時，你就能看得一清二楚。」

這種現象通常只持續1~2秒鐘，只有在極其偶然的情況下才會持續很長時間。據記載，曾有一個快步行走的觀測者看到了綠光現象，並且發現這一現象持續了五分鐘以上。他看到了太陽像是戴上綠色邊飾一樣緩緩下落。

不過，太陽可不是唯一能發出「綠光」的天體，這道詭異的綠光有時候也會出現在金星下落的時候。

 物理碰碰車
空中為什麼有「三個太陽」

天空中出現的半透明薄雲裡，飄浮著許多六角形柱狀的冰晶體，它們偶爾會整齊地垂直排列在空中。當陽光照射在這一根根冰柱上時，會發生很規律的折射現象。

冰柱中會折射出來三條光線射，中間那條是太陽直接照射出來的，是真正的太陽；旁邊兩條光線是陽光經過晶柱折射形成的。兩旁的這兩個太陽實際上是太陽的虛像，也叫做「假日」。

由於六角形冰柱有規則排列在空中的情況極少，所以這種三日同輝的光學現象就極為罕見了。

藏在壺中的寶藏

古代有個財主，家中有個世代相傳的寶物。這個寶物的樣子就像一個銅製的圓筒，圓筒上頂著一個蓋子，蓋子上趴著一條龍，蓋子和筒口之間有一段距離。大家可以往筒裡放東西，但看不到筒底，因為蓋子擋住了視線。傳說筒底刻著字，只要能夠看到那些字，就能夠知道祖先留下來的財寶藏在哪裡。不過這只是祖輩流傳下來的一個故事，誰也沒有真的相信，更沒人想過弄壞這個傳家寶來證實這個莫須有的傳說。

當這個傳家寶到了第十二代時，這個傳人終於揭開了謎底，而且在沒有損壞寶物的情況下看到了筒底上祖先刻下的字。原來，有一天他無意中把水倒進了筒裡，發現筒底好像升高了，透過圓筒和蓋子的縫隙，他終於看到了筒底的文字，裡面根本不是什麼藏寶圖，而是一句話：「寶藏在知識裡。」原來祖先是希望後人能夠透過知識來改變自己的命運，改善自己的生活。

這個故事也許是古人編造的，但是其中所含的科學道理是正確的。它所包含的科學道理就是光線的折射。當光線從一種介質斜射到另一種介質的時候，光線就不再沿直線傳播，而是偏離原來的方向傳播，這種情況就是光線的折射。

　　刻在筒底的文字所反射的光在從水中射向空氣時，由於發生了折射使這些字向筒邊偏了一些，所以這傳家寶的第十二代傳人才能穿過蓋子和筒邊的空隙看到它。

物理碰碰車
讓同學佩服你的硬幣魔術

　　準備一枚硬幣和一個碗，把硬幣放在碗裡，讓同學站在剛好看不到硬幣的地方，然後告訴他：「不需要你挪動地方，我就可以讓你看到這枚硬幣」。此時向碗裡面加水，加滿的時候站在遠處的那位同學就可以看到碗底的那枚硬幣了。

　　讀完前面尋找寶藏的故事，你自己能夠解釋這個魔術的原理嗎？

「千里眼」是這樣煉成的

神話故事中，「千里眼」和「順風耳」經常出場做臨時演員，不過我們的生活中還真有這兩樣東西，你知道是什麼嗎？沒錯，就是望遠鏡和電話。貝爾發明電話的故事家喻戶曉，那麼，望遠鏡是怎麼來的呢？

荷蘭人利波塞在米德爾堡鎮開了一家小小的眼鏡行，一家五口過著祥和的生活。一天，他的三個孩子在陽台上玩玻璃鏡片，發現將其中的兩塊疊起來便能看清遠處的教堂塔尖，這讓利波塞興奮不已。後來，他打磨出一種中間厚、兩邊薄的圓形鏡片，用這種鏡片看文字能把字體放大。

喜歡思考的利波塞又做成另一種鏡片，中間薄、兩邊厚，戴上這種眼鏡一看，周圍的事物都變小了。最後，他靈機一動，找來一根竹筒，把兩種不同的眼鏡片分別裝在竹筒的兩端。嘿，奇蹟出現了，遠處的景物拉近了許多，清晰得就像放在鼻尖前一樣。就這樣，人類的第一架望遠鏡誕生了。

1608年6月的一天，伽利略也按照他的做法，找來一根

空竹管子，一頭裝凹面鏡，一頭放凸面鏡，做成了一個小小的望遠鏡。在威尼斯的聖馬克廣場的鐘樓上，他請來了議長和一些議員，讓他們依次登上鐘樓，用他的望遠鏡觀看大海，不僅看到了用肉眼無法看見的輪船，還看到了體積更小、速度更快的海鷗……

小小的成功給了伽利略極大的鼓舞。後來，他全心全意投入到望遠鏡的研究中。後來，他又將望遠鏡的倍數不斷提高，5倍，8倍，12倍，16倍，20倍……直至做成了可以放大32倍的望遠鏡。

伽利略用望遠鏡發現了天體的許多奧祕：「月亮並不是皎潔光滑的，上面有高山、深谷，還有曲曲折折的火山裂痕……而且自身不發光，像地球一樣。」那時，伽利略激動萬分。他的這一發現，與當時所有天文學家認為月亮是一個發光體的觀點正好相反。「銀河裡有許多小星星。太陽裡面還有黑點。太陽本身在自轉。」

伽利略沉浸在望遠鏡帶來的喜悅中，沉醉在探索宇宙奧祕的興奮中，他還用望遠鏡還發現木星有四個較大的衛星，也發現了許多像太陽那樣巨大的恆星。在天文學的發展中，望遠鏡的出現絕對是一件劃時代的大事。

 物理碰碰車
望遠鏡的種類

　　望遠鏡分折射式和反射式兩種，折射式望遠鏡一般用於野外考察、觀看表演和軍事觀察等；反射式望遠鏡常常用於天文台觀察天體。世界上最大的無線電望遠鏡直徑為1000英尺，呈碗狀，隨著地球的轉動來掃描天空。最大的反射式望遠鏡有十幾層樓那麼高，僅鏡口直徑就達6公尺，能夠看到100億光年的幾十億顆星星。一般來說望遠鏡的性能主要由以下幾個方面來反映：有效口徑和相對口徑、放大率、集光力、解析度、極限量、視場。

鑽石鑑定師的 「火眼金睛」

鑽石鑑定師是一個神祕的職業，據說只要看一眼鑽石就可以鑑定出真假，他們究竟是如何練就「火眼金睛」的呢？

張叔叔準備向女朋友求婚，他想給女朋友一樣禮物來代表自己的心意。左思右想之後，他還是決定去買個鑽戒。鑽石代表著高貴，價格不菲，張叔叔聽說市面上有很多假鑽石，於是，他請高中的同學一起去挑選鑽戒。這位同學是一位寶石鑑定師，他們去購買鑽戒的路上，這位同學一直在向張叔叔傳授鑽石的知識以及如何辨別真假鑽石。

他說：「鑽石又叫『金剛石』，事實上它的成分和煤一樣，都是碳元素組成的。但是，只有在高壓下，碳才會變成金剛石，所以天然金剛石極為稀少。現在人們已經可以人為製造高壓環境，所以可以用人造方法製成小顆粒鑽石。」

「人們最感興趣的就是鑽石的光學魅力。在陽光下，它光芒四射，面面生輝；夜晚沒有光的照耀，任何東西都失去了光彩，但鑽石依然熠熠放光。其實，天然鑽石並沒有這麼好看，只有經過打磨之後它才會熠熠生輝。例如有一種鑽石樣式，它有50多個棱邊。英王權杖上的一顆鑽石有74個棱面。」

這位同學接著說：「磨這麼多的棱邊不僅是賦予金剛石美麗的外形，其中還有許多光學祕密。把普通玻璃磨成這種形狀就不會產生這樣的效果，這是因為鑽石對光的折射率在所有透明物質中名列榜首。當光線從一種介質進入另一種介質的時候，由於在兩種介質中的傳播速度不同就會發生折射。折射率大的物質，不僅能把光線折射成一個大角度，而且很容易出現全反射現象。實際上，鑽石的魅力都源於它的全反射能力。」這位同學分析道。

「夜晚，即使屋子裡沒有光，外面的光線也可以被鑽石眾多的棱面反射，同時它的折射率很大，可以把光折射到與入射光完全不同的方向。此時你會看到它發出的光閃閃發亮，但卻找不到光源，大家就會感到它十分神祕，就像自己能夠發光一樣。如果把鑽石帶在身上，隨著身體的移動，反射和折射的光線變化莫測，色彩也隨之不斷地變化，光芒閃爍會更加迷人。」聽完同學的這一段分析後，張叔叔終於明

白該怎樣辨別真假鑽石。大家也都明白了嗎？

物理碰碰車
鑽石的神祕光芒是如何形成的

　　從物理角度來看，鑽石的神祕光芒主要來自於它的全反射。全反射就是光從折射率大的介質中射到折射率小的介質中時，沒有折射光透出來，而是全被反射回原介質中的現象。

　　光遇到鑽石的時候，有一部分光被鑽石的斷面反射回空氣中，這部分是反射光；另一部分光則進入鑽石中，這些是折射光，這部分折射光就進入了折射率大的介質中。此時進入鑽石內的光會發生全反射，不會再進入空氣中。而鑽石表面的反射光線以及在鑽石內發生全反射的光線就會交錯在一起，讓人感到鑽石的光芒變幻莫測、神祕無比。

魚兒杯中游

把筷子放在水中，由於折射現象，筷子會給人一種折斷的感覺。如果把一條形似小魚的物品嵌入杯中，又會有什麼奇妙的事情出現呢？

宋代的時候，徐州有個官員叫陳皋，他經常去鄉下微服私訪，巡查民情。

有一天，他走在鄉間的田野上，看到幾個農夫湊在一起，好像在分什麼東西。他走過去一瞧，原來是這幾個農夫在開荒種田時，挖出了一座無名的墳墓。

農夫們把一些值錢的東西分了之後，把其他的陪葬品都扔到了一邊。陳皋湊近看了看，有幾只破碗和一個像酒杯一樣的東西。那個杯子造型十分精美，陳皋越看越喜歡，就把那個「酒杯」撿起來，帶回了家，刷洗乾淨，放在書桌上。

第二天，他拿著這個「酒杯」去池邊盛水。寫公文時，突然間發現杯中好像有條一寸長的小鯽魚游來游去，十分可愛。他暗暗想道：八成是剛才到池邊取水的時候，魚兒自己

游進來的。寫完公文之後，他又看到了那條小魚。「為什麼不放到小缸裡養起來呢？」於是他順手拿來一個白色的缸，把魚倒進去。

奇怪的事情發生了，缸裡沒倒進魚去，再看那杯子，也已經空空如也，沒有魚了。

「難道是我眼花了嗎？」帶著疑惑他又去取水，結果，那條活潑可愛的小鯽魚又出現在杯中。他用手去捉，什麼也沒撈到。他心想：這真是件寶物！他對這杯子愛不釋手，忙完公務，他就不斷地盛水、倒水、盛水、倒水，一天能看上十幾次。

有一次，有個管水利的官員來看望陳皋，他們曾一同觀賞了這件寶物，但是誰也沒有參透其中的奧妙。

事實上，這件寶物就是利用了光的折射原理，不過這種折射是透過凸透鏡成像來實現的。杯子的下面藏了一隻製作精巧的鯽魚，用細細的彈簧將它掛在杯底，輕微的振動就能讓它晃動，就像在游動一樣。

在小魚的上面鑲嵌一個小型的凸透鏡，而小魚的位置在凸透鏡的焦點之外。這時人看杯底，小魚的成像在人眼這邊，但是由於光線微弱，而且人的眼睛很難湊巧停留在凸透鏡的成像位置，所以基本上看不到杯底的小魚。如果在杯中倒上水，此時水相當於一個凹透鏡。加了凹透鏡的凸透鏡，

它的焦點會變遠。所以儘管小魚的位置不變，但它就處於焦點以內了。這時的情況就和放大鏡看東西是一樣的，此時小魚的成像就和小魚在同一側，而且是放大的正立的虛像。

在不瞭解這麼多科學道理的時候，我們的祖先就已經製做出了如此精美的物品，他們的探索精神真是值得我們學習。

物理碰碰車
凸透鏡成像類型

凸透鏡是中央部分比較厚的透鏡，主要包括雙凸、平凸和凹凸等形式。我們經常接觸的放大鏡是雙凸形的。薄凸透鏡有匯聚作用，較厚的凸透鏡則有望遠、發散和匯聚的作用。

凸透鏡成的像主要有兩種，一種是實像，一種是虛像。由實際光線匯會聚成的像，稱為「實像」，能用光屏承接；反之則稱為「虛像」，只能用眼睛來感覺。實像都是倒立的，虛像都是正立的。

當物距在一倍焦距以內時，得到正立、放大的虛像；在一倍焦距到二倍焦距之間，得到倒立、放大的實像；在二倍焦距以外，則得到倒立、縮小的實像。

水能滅火，亦能生火

提到滅火，我們首先想到的一定是水，對不對？其實，水不光能滅火，還能生火。下面我們就跟著探險隊長去學學用水生火的絕招！

這個探險隊去雪山探險，隊員們在冰天雪地中步行，雖然有陽光的照射，四周也充滿了陽光，但是大家卻依然感覺到寒冷。一個探險隊員拿出溫度計測了一下，氣溫在$-48^{\circ}C$。

中午的時候，探險隊找了一塊平地準備做午飯。「不好了，打火機丟了！」正要生火做飯的隊員羅斯特驚叫起來。這是整個探險隊僅剩的一件生火用具。

「要是有個放大鏡就好了，用陽光取火一定能成功。」另一個隊員希魯克林說道。

「讓我好好想想，我們一定能想到辦法解決這個問題的。」隊長沉著冷靜地說。

「我們還能有什麼辦法？四周都是冰，用它們滅火倒是好材料，生火還是省省吧！要不我們生吃鹿肉吧！」希魯克

林已經饑不擇食了。

羅斯特忽然興奮起來，他說：「對了，我記得有本小說這樣寫道，主角取下兩個手錶的玻璃錶蓋，中間盛上水，周圍用膠布黏好，不讓它漏水，就製成了一個凸透鏡。在陽光下聚焦，就能把火絨點燃。我們是不是試試呢？」羅斯特說。

隊長說：「其實這個辦法不可行，因為水能擋住太陽光的大部分熱量，在聚焦點上是很難點燃的，不過，我們不妨用冰來點火試試。」

「什麼？我沒聽錯吧？不是說，冰和火不能在同一個爐子裡嗎？」希魯克林大聲喊道。

「這次，就讓它來個冰炭同爐！」隊長滿懷信心。

隊長讓希魯克林去鑿一塊淡水結成的冰，越透明的越好。不一會兒希魯克林就搬來一塊長寬各有20公分的冰塊。隊長用小刀仔細地把它刮成凸透鏡的樣子，又用皮手套摩擦冰塊的凸面，給它拋光。

然後隊長將冰透鏡對著太陽，聚焦陽光。在那樣冷的環境，不必擔心冰透鏡會熔化。陽光經過透鏡的折射，在下面不遠處聚成了一個很亮的光點，這裡溫度極高。隊員們馬上在光點處放上了紙片，不到半分鐘，紙片就燃燒起來了。不一會兒，他們就吃了一頓熱氣騰騰的熟肉。

其實用冰生火這個現象並不難解釋，它和我們在陽光下

聰明大百科 物理常識 有**GO**讚

玩放大鏡點燃紙片是一樣的，只不過，這個放大鏡是用冰做的。

物理碰碰車
世界上最早的冰透鏡

　　世界上最早的冰透鏡出現在中國。西漢時期的著作《淮南萬畢術》中明確記載了這樣的事情：「削冰令圓，舉以向日，以艾承其影，則火生。」意思就是說把冰削成圓球狀，舉起來對著太陽，然後把艾草編成的草繩放在鏡下的陽光聚焦點上，過不了多久，艾草就被點燃了。這說明，最晚在西漢時中國就出現了冰透鏡，至今已經有兩千年了。考古學家認為，在先秦的時候可能就已經有了冰透鏡取火的奇聞。

戲弄旅人的沙漠魔鬼

<big>**你**</big>口乾舌燥地跋涉在沙漠中，忽然前面出現了一片湖泊，你興奮地朝著湖泊跑去，卻發現無論怎麼走，湖泊總是離自己那麼遙遠。其實，那根本不是什麼湖泊，你被「沙漠魔鬼」戲弄啦！

20世紀90年代的一天，一輛汽車在茫茫的大西北戈壁中奔馳，一望無際的沙丘和單調的景物使人昏昏欲睡。突然，一個乘車的人對著窗外大喊：「快看，前面有一片湖泊！」這時候是上午9點55分。聽到這聲歡呼，人們立刻把頭轉向窗外，遠方確實有一片藍色的水澤，隨著汽車的行駛不斷地變換著位置，車裡的人似乎感受到了一絲涼意。

10點14分，淡藍色的湖泊移到了正西方向，並奇蹟般地從水澤裡幻化出一座座白色的大樓，好像是迎接遠方的客人到來。但是驅車鄰近這個水域時，這片誘人的水澤就消失了。

車上的人們感到很神奇，紛紛請教車上同行的教授。這位教授為大家解釋了這種奇怪的自然現象。他說：「這種現

象就是『海市蜃樓』，不過在沙漠中發生的還有個具體的名字叫做『沙海蜃樓』。過去，大家不知道這種科學道理，都說這是沙漠裡的魔鬼戲弄疲勞旅客的小把戲。」接著這位教授又給大家講了另外一個「海市蜃樓」的例子。就在他們去沙漠中的前幾天，安徽省巢湖市的市區突然看到了巢湖的寶島──佬山。平時佬山在巢湖市是看不見的，那天奇蹟般地出現在市民的眼前，人們都驚奇不已。

老教授接著說：「海市蜃樓是一種罕見的光學現象，一般人是很少能有這種眼福，有的一輩子都見不到一次。在曬熱的柏油馬路上也可能看到蜃樓。在炎熱的日子裡，頂著烈日沿著馬路向前走的時候，你可能會發現馬路盡頭水汪汪一片，就好像灑水車剛剛灑過水一樣，這會讓你感覺到一絲涼意。甚至你還能看到水面上映出了汽車和行人的倒影。但是當你快步向他走去時，你會發現那片水塘竟然消失了，或者可能移到了更遠的地方。這就是『馬路蜃樓』。這個原理與『海市蜃樓』和『沙海蜃樓』是一樣的。」

其實蜃景是熱空氣耍的光學把戲。在炎熱的陽光照射下，黑色的柏油路面會吸收大量熱量，此時地面的周圍就形成了一個熱空氣層，而上層的空氣仍然是冷的，此時空氣實際上就相當於兩種介質，光在傳播過程中會在這裡發生折射。大家看到的沙海蜃樓就是遠處景物的光傳播到這裡的時

候進入了熱空氣介質中，折射後的光線再進入人眼，這些景物就彷彿近在眼前一樣。

　　知道了蜃樓發生的原理，下次在沙漠中看到綠洲的時候，一定要分清真假之後再朝著它前進，千萬不要被「沙漠魔鬼」騙了哦！

物理碰碰車
人間仙境──蓬萊

　　自從秦漢以來，上至帝王下至平民都相信在蔚藍的大海上，漂浮著幾座迷人的島嶼，那裡瓊樓玉宇，美樂飄飄。如今，有關仙山的傳說都已經推翻，科學家證明那只是「海市蜃樓」。不過，人們對那種無憂無慮的狀態，以及如仙界般的美景一直心存嚮往。

　　想要看到仙界的美景，山東的蓬萊是最好的選擇。這裡是中國出現「海市蜃樓」現象最多的地方。出現海市蜃樓時，島嶼、山巒和城市都出現在空中，街上的行人依稀可見，所有這一切籠罩在一片迷霧中，美不勝收。多次出現的「海市蜃樓」奇觀讓蓬萊擁有了「人間仙境」的美譽。

拉曼的疑惑

形容海水的時候大家都會說湛藍的海水，可是你知道為什麼嗎？海水為什麼是藍色而不是紅色的呢？這當然不是因為大海喜歡藍色。你想知道答案嗎？我們去看一看百年前的孩子得到的是什麼樣的答案。

20世紀初的一天，一艘輪船正航行在廣闊的海面上。甲板上，一個小男孩問他的媽媽：「大海為什麼是藍色的？」「這……」母親無言以對，只好求助於船上的一位印度科學家——拉曼。

拉曼告訴男孩：「因為海水反射了天空的顏色。」這是當時所有人都同意的說法，由英國物理學家瑞利男爵提出。但拉曼是個愛思考的人，他總覺得這個答案不那麼準確。

回國後，拉曼又認真思考了這個問題，並開始深入研究。很快他就發現，瑞利的觀點是錯的！海水根本不是反射了天空的顏色，而是水分子對光線的散射導致海水呈現出藍色，這跟大氣分子散射陽光而呈現藍色的道理是一樣的。後

070

來，拉曼再接再勵，相繼在固體、液體、氣體中都發現了光的散射現象。於是，拉曼獲得了諾貝爾物理學獎，他的散射發現也被稱為拉曼效應。

不過，拉曼散射被世人所知也是經歷了漫長的過程的。雖然拉曼在光學和聲學的研究中取得了驚人的進展，並在1907年印度科學開發委員會的學報上發表了一篇題為「惠更斯次波的實驗研究」的論文。後來幾年中，他的論文不斷出現在這份學報中。

1912年拉曼獲得了柯曾研究獎，1913年他又榮獲伍德伯恩研究獎章。不過印度當時是英國的殖民地，印度人遭受歧視，拉曼的研究成果也因此當然也遭到了冷落。幾經輾轉，直到他的論文《光束傳播論》在法國物理學會刊物上發表之後，拉曼才引起了各國學者的注意。從此，拉曼的研究受到了世人矚目。

他的論文《一種新的輻射》中首次指出散射光中有新的不同波長的成分，它和散射物質結構有著密切關係。這個現象就是「拉曼效應」。此外，拉曼還在衍射、氣象光學、膠體光學、光電學、振動、聲音、樂器、超聲學、X射線衍射等領域，都做出了重大的貢獻。

物理碰碰車
業餘的物理天才——拉曼

拉曼是印度人，從小就才智出眾，以優異的成功進入了馬德拉斯學院，並在那裡獲得了碩士學位。他在大學中四年的學習中對光學和聲學產生了濃厚興趣。他的第一篇論文發表在《哲學月刊》上，題目是《論光束的散射》。

因為是印度人的身分，他無法留校擔任教師，只好改行做了書記官。但是在工作之餘，他始終牽掛著自己的科學目標。幾年間，他到了好幾個城市，不論身處何處，他都會千方百計到當地的實驗室中去進行研究。

他的付出最終得到了回報，他發現的散射現象終於幫他贏得了世界性的聲譽。1930年，拉曼獲得了諾貝爾物理學獎，表彰他研究了光的散射以及他所發現的「拉曼定律」。

太陽為什麼是紅的

空氣是無色的而天空是藍色的，太陽發出的是白光而我們看到的卻是紅色夕陽，水是透明的，海洋卻是藍色的。很奇怪是不是？是人的眼睛出了問題，還是有人在惡作劇？

現在我們知道了出現這些現象都是因為光的散射在搞鬼！那麼什麼是光的散射呢？

當光在一種介質中傳播時，由於介質內部物質的不均勻或其中存在其他物質的微粒，光不再直著走，而向四面八方散開，這就是光的散射。地球上的空氣，其內部氣體的分部是不均勻的。當光線射進這些不均勻的空氣中時，一部分光就無法直接前進，只能向四面散開。於是，你們看到到處都是明亮的。

明白了散射，再來看看上面的問題吧！大氣對不同顏色的光的散射作用是不同的，波長短的光受到的散射最厲害。因此，陽光中波長最短的藍光就被散射得多一些，從地面看

去，天空就呈現藍色。但是一到傍晚，太陽光穿過大氣層的厚度比正午時要厚得多，傳播距離也長，因此，波長短的藍光就被散射掉，而波長長的紅光就多起來，因此夕陽看起來就成了紅色。

現在，你明白太陽為什麼是紅色的了吧？跟海水和天空中出現的大氣散射是一個原因哦！

物理碰碰車
太陽光究竟是什麼顏色

太陽光真是白色的嗎？其實不是。實際上，太陽光是由很多不同顏色的光複合而成的。也就是說，白光其實不是單色光，而是由其他色光匯聚而成的。

白光可以分解成紅、橙、黃、綠、青、藍、紫七色光，也就是雨後彩虹的七種顏色，這七種光才是單色光。我們看到的物體呈現出不同顏色，都是由於物體對這七種光的不同反射而產生的。

現在，你能夠分清楚光的散射和反射形成的顏色有什麼不同了嗎？

蝸牛怎麼變成了海底「鬼火」

挑戰膽量的時候，總會有人說讓他去墓地裡走一圈，這不僅是因為墓地裡埋葬著很多死人，更可怕的是可能會有飄忽的鬼火出現。不過，以後挑戰膽量的時候又多了一個選擇，因為海底也有鬼火哦！

某天，一位海底潛水者忽然被眼前的「鬼火」嚇壞了，一團藍綠色的光竟在他眼前漂浮著移動！太可怕了，難道海底真的有鬼嗎？當然不是，發出藍光的其實是海蝸牛。科學顯示，海蝸牛的外殼會發出螢光，嚇唬捕食者。可這是為什麼呢？

為解開海蝸牛發光之謎，科學家抓來海蝸牛做了實驗，結果證明：海蝸牛的外殼之所以能發光，是因為牠能散射光線，而且牠很挑剔，只有藍綠色的光才能讓牠發亮！還真是個難纏的傢伙呢！不過，海蝸牛的外殼確實是一種極其有效

的「光線發散器」，比人類現有的任何一種人造發光體的功能都強大。看來，小小的海蝸牛，物理學得還真不錯！

除了海蝸牛之外，「穿牆術」也是科學家的最新發現！一種被稱為「超散射體」的新穎材料，能在視覺上放大物體，如果將其裹在一個直徑10公分的小球上，那麼小球的直徑看起來就膨脹到了2、3公尺。

如果將超散射體置於打開的大門中間，超散射體在視覺效果上就會成倍放大，看上去門和周圍的牆融為一體了。這時，你就可以像哈利・波特一樣穿牆而過了！不過，穿過去後能不能到達魔法世界，就很難說了！

物理碰碰車
慈禧照相趣聞

慈禧為了照相，特意在頤和園的樂壽堂前面搭設了攝影棚，設置了佈景屏風，並且按照宮殿裡面的樣式佈置。為了突出慈禧的立體形象，又不觸犯慈禧所忌諱的陰陽臉，同時還要提高成相的清晰度，工匠們只好利用自然的散射光，來幫助慈禧達到最佳的效果。

一秒300000000公尺，光的速度無人能敵

光速，也就是光在介質中的傳播速度，它到底有多大呢？你來猜猜吧！1000公尺／秒？看來你永遠也猜不到，因為它遠遠超過了你的想像：光在空氣中的傳播速度大約是3.0×10^8公尺／秒。

世界百米賽跑記錄是9秒，也就是人一秒鐘最快能跑11公尺多，可光一秒鐘能跑300000000公尺。光的速度真是太快太快了！

沒人追得上光，光速是目前已知的最大速度！如果逃犯能夠以光速逃跑，估計整個太陽系都抓不住他！不過，最開始的時候，人們以為光速是無限大的。

後來，這種說法引起了伽利略的懷疑，他專門在地面上做實驗，以證明光速是有限的。不過，即使光的速度有限，光依然是世界上跑得最快的東西！

既然光跑得那麼快，伽利略又是怎樣測量出光速的呢？首先伽利略請了兩個人提著燈籠分別爬上相距一公里的山上，此時燈籠是掩著的，也就是光不能傳到對方的眼睛裡面。

　　為了講述方面，我們把這兩個人稱為A和B。兩人各就各位之後，A掀開燈籠，燈籠發出光亮，與此同時A開始計時；當光亮到達對面山上的B處時，B立即打開自己的燈籠；一段時間後，光亮傳到A處，A停止計時。

　　這就是伽利略測量光速的方案，根據A記下的從他自己開燈的一瞬間、到信號從B返回到A的一瞬間所經過的時間間隔t，我們就可以算出光速$c = 2s/t$，其中的s就是A和B之間的距離。

　　雖然這樣測量出的光速並不是很精確，但是它卻從一個角度證明了光的速度是有限的。打破一個錯誤的結論，即使資訊有誤差，這個實驗也是具有非凡意義的。

 物理碰碰車
千奇百怪的速度

1、大陸移動的速度與指甲生長的速度恰好相等──都是每年5~7公分。

2、成人全身約有500萬個毛囊，其中10萬個在頭皮，也就是我們約有10萬根頭髮。每根頭髮每天生長約1／3毫米，每月可以生長1公分。這樣10萬根頭髮每天一共生長30公尺，每年就可以生長10公里。

3、咳嗽是人體排斥異物的反應，平均速度是每小時140公里。

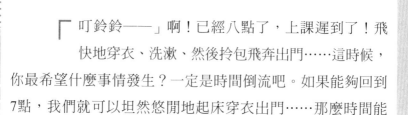

遲到的時間——
原子鐘實驗

「叮鈴鈴——」啊！已經八點了，上課遲到了！飛快地穿衣、洗漱、然後拎包飛奔出門……這時候，你最希望什麼事情發生？一定是時間倒流吧。如果能夠回到7點，我們就可以坦然悠閒地起床穿衣出門……那麼時間能倒流嗎？你一定很想知道答案！

理論上講，時間旅行是存在的。這個理論，就是愛因斯坦的相對論。相對論原理顯示：當物體的運動速度接近光速時，時間就變得緩慢；等於光速時，時間就靜止；超過光速時，時間就會倒流！這裡，最關鍵的一點就是——光速！

根據愛因斯坦的相對論，假如超過了光速，那麼時間和空間將會發生改變。反過來說，假如時間與空間都改變了，是不是就意味著有超光速呢？的確，在世界各地，都曾有過超越時空的發現，但是這個問題還一直在研究中。

　　那麼人類有沒有超越光速的可能呢？其實，你之所以能感受到世間萬物，是因為它們發出的資訊可以以一定的速度傳遞給你。但這些速度，都沒有光速快。那麼，如果你能做超光速運動，那麼，萬物發出的資訊就會被你追趕上，也就是說，你能看到它們的過去了。這樣，你就回到了過去，時光就倒流了！

　　這下明白了吧，理論上時間也是會「遲到」的。但實際上，這還要依賴於超光速飛行。試想一下，如果人類研製出了超光速飛船，就可以飛出太陽系、銀河系，到深深的宇宙中去發現其他的世界⋯⋯

　　當然，這些都只是想像。科學家曾經根據愛因斯坦的相對論原理，透過高速火箭發射原子鐘進行試驗，證實了時間確實會「遲到」，因為原子鐘落回地球的時間比地面上的鐘慢了一點。但即便如此，到目前為止，人類依然沒有找到造出超光速飛船的辦法。

　　對超光速飛船來說，能量是個大問題。科學家曾計算，如果一艘飛船以半光速飛行，它將需要承載相當於它自身重量80倍的氫。80倍啊！這怎麼可能呢？有人為此建議，在飛船上安裝一個氫收集裝置，一邊飛行一邊收集燃料，從而減輕載重。但據計算，這樣一個裝置的長度竟達25英里！

　　所以，如果沒有合適的燃料和發動機，想建造成超光速

飛船是困難的。儘管人類瘋狂地想穿越，想瞭解宇宙，但超越光速依然很遙遠。

物理碰碰車
原子鐘的應用

原子鐘是一種精密的計時器具，目前最常見的是氫原子鐘，它廣泛應用於許多實驗室和生產部門，主要利用原子能級跳躍時反射的電磁波來控制和校準石英鐘，氫原子鐘用的是氫原子。

這種鐘的穩定程度相當高，常被用來做時間的頻率標準，被廣泛應用於射電天文觀測、高精度時間計量、火箭和導彈的發射和核潛艇導航中。

超光速是不可能的嗎

看 了前面的故事，我們知道目前的科學技術條件下，超光速還是一個夢想，但是想像是科學研究的靈感之一，你能不能想到一些超越光速的方法呢？下面這兩位小朋友就在暢想超光速呢？

陽陽、靜靜是好朋友，她們經常在一起討論科學問題。

「宇宙中最低的溫度是多少？」陽陽問。

「是 -273.15^0C。」靜靜回答道。

「宇宙中最快的速度是多少？」

「是光在真空中的傳播速度，30萬公里/秒。」

「對了，你真聰明，書中說這是宇宙的兩個極限，人類可以無限地接近極限，但永遠也不能超越和達到。」

「不是有人在探索超光速嗎？超光速真的太吸引人了。你想，如果我們能坐上超光速飛船，那就可以親眼看到歷史上發生的事了。」

「這麼說，只要繼續向前，還能看到清朝的情景，看到

唐朝，看到春秋戰國，看到北京猿人呢！」陽陽高興的說。
可是轉念一想，「光越往前傳播越弱，恐怕看不到呢！」

「是越傳越弱，但這只是個技術問題，只要弱光逐級放大就
行了。所以，不管技術上暫時能不能做到，從原理上講，是
應該看到的。」

「這倒是。」

「不過，愛因斯坦說，在真空中的光速是速度的極限，
不可能有超過光速的速度。超過水中的光速是可能的，但超
過真空中的光速則不可能。」

「太鬱悶了，不，我有辦法：在20萬公里／秒的高速飛
船上，順著運動方向再向前發射速度是30萬公里／秒的光，
你說這光的速度是多少？」

「不知道。這倒像順水行舟的情況。」

「我就是這麼想的。如果船在靜水中的速度是5公尺／
秒，水流速度是2公尺／秒，那麼船順水運動的速度是多
少？」「當然是（5＋2）公尺／秒啦！」

「依此類推，那飛船上發出的光，應該有（23＋30）萬
公里／秒的速度，這不就超過光速了嗎？」

「好像有些道理。但為什麼科學家都說不行呢？」

「當然是我們錯了，但不知道錯在哪裡。」

他們去找趙老師。趙老師說：「你們將平時我們周圍低

速運動的規律推廣到高速世界中了，其實高速運動世界並不遵守這些規律。這裡說的低速，是相對於光速來說的。

　　發射人造衛星時，最高速度也不過8公里／秒；發射人造行星時，最高速度也不過12公里/秒，比起光速來，都只能算低速度。

　　在低速世界裡，一個物體同時參與兩個運動時，兩個運動速度可以相加。如順水行舟的計算公式那樣。但對如光速的高速運動來說，就不能用這種簡單的加法，它有另外的規律，另外的計算公式。

　　按照它的公式計算，最高速度仍是真空中的光速。換句話說，不管在哪裡觀測，不管誰去觀測，光在真空中的速度是不變的，都是30萬公里／秒。」

　　「任何客觀的規律，都有它的適用範圍，不能不顧適用條件隨意搬用。對於『超光速是不可能的』這一結論，也應這樣去對待。所以科學界一直沒有放棄對超光速的探索。」

物理碰碰車
讓通訊方式超越光速

　　自19世紀進入通訊時代以來，人們就一直夢想著一種比光速更快的暫態通訊方式。這種方式使得資訊的傳遞不再透過資訊載體（如電磁波）的直接傳輸來完成，而是透過一種

類似於心靈感應的神祕機制,從而使通訊不再受空間距離的限制。今天,科學的發展已經為我們提供了這種神祕的機制,這就是量子非定域影響或量子超光速影響,而依此實現的通訊方式被稱為量子超光速通訊。

有些狂人愛「觸」電
——關於電的趣聞

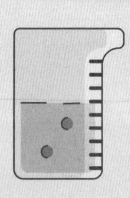

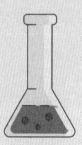

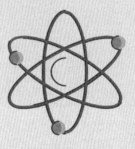

倫敦錶匠的檸檬電鐘

你知道嗎？檸檬也可以用來做電池！是不是很不可思議？不過這一切都是真的！

1980年1月7日，一家外國報紙登載了這樣一則消息：英國倫敦的鐘錶修理匠阿希爾先生做了一只新穎別緻的電鐘。其實這電鐘外表並沒有什麼特殊，引人注目的是帶動電鐘的電池，它晝夜不停地運轉了5個月，但是這電池竟是一顆檸檬做成的。

檸檬怎麼能發電呢？有人好奇地問阿希爾先生。阿希爾先生自豪地說：「當然能。儘管那顆檸檬的表皮都已經乾了，只要檸檬還有汁，它就能發電。」

這消息傳出後引起了科學家的關注。一顆小小的檸檬竟能持續發電達5個月之久，目前哪裡有比這種電池更加便宜實用的呢？僅僅這一點，就足夠叫科學家興奮的了。更何況，水果發電還是一種環保的能源，既不污染空氣，又不污染環境，它是多麼理想的能源啊！

看到這個消息之後，倫敦蓄電池實驗室的工作人員馬上到市場上去搶購檸檬、柑桔和葡萄等水果，實驗室一下子變成了水果店。這些發電專家們圍著一堆一堆的水果忙碌著。他們按阿希爾先生的辦法，把一塊鋅片和一塊銅片插到檸檬裡面，然後再接上導線，電流表的指標果然發生了偏轉！檸檬電池果然能夠帶動電鐘的電動機旋轉。除了檸檬，用柑桔做能源的電錶也走了起來。

　　水果汁能發電並不是什麼新發現，人們早已知道其中的祕密：鋅片和銅片插到稀硫酸或其他酸性溶液裡，就能做成一個簡單的化學電池。

　　檸檬電池發電的道理與化學電池發電的道理是一樣的。檸檬汁就相當於化學電池中一種帶酸的液體。

　　不過，阿希爾的絕妙之處不在這一點。普通的化學電池參加化學反應的稀硫酸用完，電流就中止了。而檸檬電池卻是植物製作的，在它完全乾癟之前，植物細胞還沒有死亡，所以依然能不斷和空氣、陽光作用，不斷產生新的檸檬汁進行補充。

　　儘管阿希爾先生不是科學家，他卻解決了能源自動補充的難題，這點令科學家敬佩不已。阿希爾先生對自己的發明也感到十分自豪。他說：「如果一顆檸檬就能使馬達一個月接一個月地轉動，要是用一大袋檸檬去發電，能得到多大的

動力啊。」從那以後，這位50多歲的老人整天和各種水果打交道，尋找更多的「活」電池。

物理碰碰車
所有的物質都導電嗎

　　所有物質都導電嗎？答案是：不！物理學上，把像金屬一樣容易導電的物質稱為導體，而像塑膠、橡膠一樣不容易導電的物體稱為絕緣體。

　　為什麼絕緣體不易導電呢？這是因為組成絕緣體的物質在阻礙電流的流動，這個阻礙電流運動的物質被稱為電阻。你可以簡單理解為絕緣體的原子把電子囚禁起來，讓電子只能乖乖地待原子裡，所以電流很難通過它們。當然，導體中的電子就很容易在原子之間移動了。

橘子也抗日

水果除了能拉動電機旋轉，還能成為抗日英雄呢！想知道小小的橘子是怎麼抗日的嗎？

在抗日戰爭時期，有一次，遊擊隊得到一個祕密情報：日本人的車隊下午會經過村前的大橋。

隊長立刻決定，在日本人到達時炸死他們。遊擊隊的隊員聽完之後士氣高昂，大家表示一定要重創侵略者。他們迅速把炸藥埋在橋下，將引爆用的電線從炸藥包一直拉到遠處的橘林，並接上電池和開關。只要一聲令下，便合上開關，將電流送到炸藥包，在那裡會跳出火花，引爆炸藥。

為了這次戰爭的勝利，他們一遍遍檢查每一個介面和線路。當檢查到電池時，發現因天氣太潮濕而漏電，電壓不夠了。空氣頓時緊張起來。

前功盡棄嗎？不！幾個戰士主動請戰：

「我去橋下埋伏，到時間點燃炸藥包。」

「這樣太危險！」隊長說，「不到萬不得已，我們不能

這樣做。想想還有什麼辦法……」

隊長的目光無意中落在眼前的橘林上，黃澄澄的橘子掛滿樹枝。這是老百姓的果實，絕不能讓日本人掠奪。他想著想著，忽然眼前一亮，大聲說：

「有了！大家摘12個大橘子，要酸的，我們用橘子引爆！」

「用橘子引爆嗎？」

「對。橘子可以做成電池，現在我們只有這個辦法了。還得預備幾塊銅片、幾塊鐵片，要打磨得亮亮的。」

大家很快準備就緒。一個人負責一個橘子，隊長負責橘子之間的聯結。日本人的車隊一到，隨著隊長的一聲高喊，大家同時把自己手裡的銅片和鐵片平行地插到橘子裡去。只聽「轟」的一聲巨響，引爆成功了，日本車隊損失慘重，遊擊隊又獲得了勝利。

勝利回村的路上，許多戰士都湧到隊長的面前要問個究竟。隊長笑著說：「電池就是化學電源，它是利用化學變化而產生電流的。只要把不同的金屬，例如銅片和鐵片，放在酸溶液，或鹼溶液，或鹽溶液中，這就是一個電池，可以向外供應電流。但它過一會兒，電流就會減弱，這是因為在化學變化中金屬片上會產生一些氣泡，進而阻擋了電流的通過。如果能及時把氣泡除去，便又可以發電了。」

物理碰碰車
電線為什麼都用塑膠皮保護

　　家中的電線外面總是裹著一層塑膠皮，電工修理電路的時候總是帶著橡膠手套。這是因為塑膠、橡膠是絕緣體，不通電，能保護人體不被電到。不過，電線老舊後，外面的塑膠皮會脫落，此時，電流就會跑到電線外的地方，造成漏電。一旦不小心碰到了外漏的電，就會非常危險了！不過，只要你平常多定期檢查電線、插座和電器的插頭等，是否有損壞。

　　另外，洗完手後也不要亂摸電器，那樣容易導電。總之，只要學好物理，就不用怕這些亂跑的電了！

吃食物的「老虎魂魄」

傳說琥珀是老虎的魂魄，所以古代的時候也被叫做「虎魄」。因此，當東漢王沖發現琥珀竟然能吸引一些小物體時，人們都猜測是禁錮其中的老虎靈魂在吸食物體！

不過這麼恐怖的事情是真的嗎？當然不是，這是靜電在搞怪，古希臘也發生過這事兒。據說，當時的哲學家泰勒斯發現——用毛皮摩擦過的琥珀能吸引絨毛等輕小的東西。

當然，西方人並不知道「老虎魂魄」的傳言，他們只是猜測：琥珀中一定存在一種看不見的物質，使它擁有吸附功能，這個物質被叫做「電」，而琥珀吸附物體的現象被叫做「摩擦起電」。

後來，人們發現，不但琥珀能摩擦起電，其他很多東西都能摩擦起電。據此，科學家最終研究出了電的本質，也解釋了「摩擦起電」，即靜電現象。

靜電是怎樣產生的呢？靜電是一種處於靜止狀態的電

荷。正常狀況下，一個原子的質子數和電子數是相同的，也就是正負平衡，對外不會表現出帶電現象。可一旦有外力打破這種平衡，物體就會表現出帶電現象。這個外力是什麼呢？比如，摩擦！簡單來講，電是一種自然現象，也是一種能量。

電儲存在電子和質子中，是像電子和質子這樣的粒子之間產生排斥力和吸引力的一種屬性。通常，電子帶負電，質子帶正電，而當帶負電的電子和帶正電的質子之間失去平衡，或者說，只要把帶電的質子或者電子釋放出來時，電就產生了。

這裡，帶正負電的基本粒子，被稱為電荷，帶正電的粒子叫正電荷，帶負電的粒子叫負電荷。這些都是正常的物理現象，根本不是什麼吃人的老虎魂魄，不過被電擊的話，產生的後果可不亞於被老虎吃掉哦！

物理碰碰車
摩擦起電機

1660年，馬德保的蓋利克用硫磺製成了一個狀如地球儀的球體，利用搖柄使其迅速轉動，然後用乾燥的手掌摩擦球體使之停止。這是世界上第一台摩擦起電機。

1882年，英國的維姆胡斯創造了圓盤式靜電感應起電

機，用兩個同軸玻璃圓板反向高速轉動，摩擦起電的效率很高，還能產生高電壓。摩擦起電機所產生的能量非常可觀，正是因為如此，人們至今依然在使用它！

「偷」天電的富蘭克林

大家都知道，下雨打雷的時候要避免外出，防止被雷擊中。但是就是有這麼一個「瘋子」，不僅在打雷閃電的時候出門，還妄圖從上帝那裡偷點電下來。這個科學怪人就是富蘭克林。

富蘭克林聰明好學，15歲的時候就發表了文筆超群的散文《海之家》。17歲的時候，他坐船去紐約的途中碰到了一場特大暴雨。空中烏雲密佈，電閃雷鳴，船上的其他人都被嚇壞了，只有富蘭克林好奇地看著船外，心想：「這真的是上帝在發怒嗎？如果真有上帝，是誰得罪了他？」

想到這裡，富蘭克林暗暗下定決心：「以後一定要用科學揭開雷電之謎。」從那以後，他在學習上更加努力，潛心研究這方面的科學知識，而這一切都為他日後研究雷電的本質打下了堅實的基礎。

1752年7月的一天，風雨大作，雷電交加。已經成為科學家的富蘭克林帶著他的小兒子，躲在偏僻的草棚裡。可不

要以為他是帶著兒子出來玩遊戲的，其實他們正在做一項驚天動地的實驗：把雷電從天空「偷」下來。

「爸爸，這風箏有什麼特殊作用嗎？我們為什麼要在雷雨中放風箏？」小兒子站在茅草棚下，望著天空中翻滾的烏雲，困惑地問。

「傻孩子，這可不是一般的風箏，它是一架特殊的風箏。」說到這裡，富蘭克林神祕地笑了，「不知道上帝的這些天火今天肯不肯賞光，乘著我的風箏到人間走一趟呢？」

富蘭克林摸著兒子的頭，繼續給他解釋：「我在風箏的頂上綁了一根尖鐵棒，而風箏線的末端繫了一把鐵鑰匙。風箏飛到高空之後，雲層裡的電就會透過打濕的細繩傳到鐵鑰匙上。這樣就能讓天上的閃電順著風箏的細繩引下來。」

富蘭克林的話音還沒落，天空就劃過了一道耀眼的閃電。富蘭克林眼明手快，馬上拉緊了手中的風箏線，並緊張地用手指接近繫在繩尾的鐵鑰匙。

「啊！天電來了！天電來了！」富蘭克林既驚喜又驚恐地大聲叫著！此時，不僅他的手指有一種遭到電擊的麻木感覺，他還發現鑰匙上發現了迸射出的電火花。

雨過天晴，雷聲漸漸遠去。富蘭克林收起風箏，帶著兒子激動地回家了。他從來沒有這樣高興——風箏的繩果然能夠將天上的電引下來！而且天上的閃電與人間的靜電並沒有

區別。

　　根據這次實驗的結果，富蘭克林發明了避雷針。不過避雷針的發明人們還是不敢用，認為這是對上帝的大不敬。富蘭克林才不管這些，首先在自家屋頂上豎起了一根數丈長的鐵棒，連上銅線之後一直伸到土裡。

　　在另一次雷雨中，神聖的教堂被「天火」點著了，而裝有避雷針的房屋卻安然無事，此時人們才認同了避雷針的避雷作用。自此避雷針迅速由美國傳到英國，最終傳遍了整個歐洲和美洲。

　　不過，小朋友們千萬不要盲目地模仿這位偉大的科學家，雷雨天放風箏可是個高深的技術，操作不慎的話，你的小命可能就要被「天電」收走了！

物理碰碰車
富蘭克林的傳奇檔案

　　富蘭克林的一生充滿傳奇色彩。在電學領域，他不僅做了著名的「風箏實驗」，而且創造了許多沿用至今的電學詞彙，如正電、負電、電池等；在熱學中，他改良了取暖的爐子，可以節省四分之三的燃料；在光學方面，他發明了老年人用的雙焦距眼鏡，這種眼鏡既可以看清近處的東西，也可看清遠處的東西；他還和劍橋大學的哈特萊一起創造了蒸發

製冷理論。同時他還是一位數學家，他創造的八次和十六次幻方至今為學者稱道。

富蘭克林也是思想家和政治家。他所建立的「共讀社」幾乎存在了四十年，後來發展為美國科學思想的中心。他參加了美國的獨立戰爭，參與起草了《獨立宣言》和美國憲法。除此之外，他還是出版印刷行業中一位成功的商人。那麼他是如何取得這麼多成績的呢？也許他的這句名言能夠給你啟示：「誠實和勤勉，應該成為你永久的伴侶」。

遭雷劈的倒楣蛋

如果一個人被雷電擊中了會怎樣，你一定覺得那人死定了。但看過下面這個故事，你的回答就不會這麼篤定了！

羅伊‧蘇利文是美國的一名護林員，在他的一生中，他被雷電擊中了7次。強烈的閃電曾燙焦他的眉毛、燒著他的頭髮、扯走他的鞋子，甚至把他遠遠拋到汽車外面！但每次雷擊過後，他都幸運地活了下來。對此，他曾說：「閃電總有辦法找到我。」

同樣是在美國，南卡羅來納州的男子梅爾文‧羅伯茲過去的幾十年來被雷電擊中5次，次次大難不死，不過奇怪的是每次被雷劈中之後他都會離婚。

後來他在一場暴風雨中又一次被雷擊中，並再一次奇蹟般地活下來。不過，梅爾文最擔心的卻是自己的第6次婚姻，「我妻子說這是第6次，但我不會離開她的，我會嘗試做些不同的事。」

　　不幸的是，他的第六次婚姻最後還是以失敗告終。他說如果今後再遇到暴雨，他外出時一定會謹慎考慮，三思而後行。

　　當然，並不是每個人都能像上面的兩個人一樣幸運。在任意一個時刻，世界上都有1800場雷電發生，甚至每秒鐘都有100次雷擊。在美國，每年有150人因雷擊而死。雷擊對人體傷害很大，當人遭受雷電擊的一瞬間，電流迅速通過人體，嚴重時會導致心跳、呼吸停止，而雷擊產生的火花，也很容易燒傷皮膚。

　　因此，打雷下雨天最好不要外出，也不要跑到樹下躲雨或爬到高處，那樣容易被雷電擊中。當然，若你碰巧在外面，那不妨躲在汽車裡！因為閃電打到汽車上之後，會透過汽車滲入地底，這樣就傷不到你啦！

 物理碰碰車
站上高壓線的「憤怒小鳥」

　　見過高壓線吧！那上面的電壓非常高，人一碰就會被燒焦。可是那些整天站在高壓線上的小鳥怎麼就安然無恙呢？

　　電源分為正、負兩極。在兩極之間連接上導體，電流就會流過。同樣輸電線也分為火線與零線，就相當於電源的兩極。

人是導體，身體較大，同時碰到火線和零線時，就會有大電流流過，這也是人觸電身亡的原因。而小鳥是把腳站在同一根電線上，這樣就沒有電流流過，所以那些小鳥不會觸電死亡。

700人的瘋狂電擊實驗

科學家都很瘋狂！千萬別懷疑這話！在研究電的過程中，一個德國牧師克萊斯托試圖把電裝進瓶子裡！然後他一手握著瓶子，一手摸著釘子，試圖用釘子把電引到瓶子裡去。當然，他失敗了，因為當電傳過來的時候，直接擊中了他！富蘭克林則在下雨天把雷電從天空中引了下來，這也冒著極大的風險。

法國的科學家諾萊特則非常幸運地做了個壯觀的實驗，當然，也很瘋狂！注意，這個實驗得益於，真的有人發明出了能裝「電」的瓶子，人們叫它「萊頓瓶」。在一座大教堂前，諾萊特讓700名修道士手拉手排成一條長約275公尺的隊伍。然後，他讓排在最前面的道士用手握住萊頓瓶，而讓排在最後面的道士握住瓶的引線。一瞬間，700名修道士因為受到電擊而齊跳起來，把在場的人嚇得目瞪口呆！

有位生物學家在解剖青蛙的時候也發現，電流通過死去的青蛙後腿時，它的腿還能跳動。

雖然電擊讓青蛙死掉了，但是肢體還能在電擊下繼續跳動！大家晚上脫衣服的時候蹦出的火花，還有梳頭髮時「飄」起來的頭髮，甚至手指傳來的刺痛，都是電引起的。乾燥的天氣，物體間的摩擦較大，因此就容易產生電。

那麼，對這些煩人的靜電現象，該如何處理呢？你有沒有什麼好辦法呢？

物理碰碰車
心臟裡的電流

人的心臟也是個導體，因為周圍的組織和體液都能導電。心臟就像一個電源，無數心肌細胞動作電位變化的總和可以傳導並且反映到體表，而且體表很多點內都存在著電位差。正是這個原因才讓醫生能夠借助心電圖來觀測心臟中的電流。

當然，如果心電圖捕捉不到心臟電流，那就說明心臟停止跳動了！這時，就要借助心臟起搏器向心臟施加強大的電擊來讓心臟重新跳動。

不過，適當的電流刺激可以拯救停跳的心臟，但如果電流過大，心臟可是會因此停止跳動的！

引發的大事故的小「兇手」

我們對靜電並不陌生。乾燥的秋冬季節，脫毛衣時經常會產生火花；乾燥的天氣用手去摸別人或者鐵欄杆的時候，也經常會聽到「劈啪」的爆裂聲，沒錯！這些小火花就是靜電！但別小看這些小火花，不嚴加防範的話，這些小火花就會釀成大事故。

齊鳴是北京的一個大貨車司機。這一天，他接到一樁生意，讓他去新疆運木頭來北京，他十分開心地接了這樁生意，心想：「好久沒有陪自己的孩子玩了，跑完新疆一趟，我就帶兒子去歡樂谷玩玩。」

在通往新疆的高速公路上，齊鳴正駕著貨車急駛在公路上，突然間一聲巨響，後面的槽廂裡噴出一個火球，這個火球很快點燃了油箱。齊鳴見狀趕緊跳出駕駛室，隨著一聲巨響，貨車報廢了，齊鳴也受了傷。

家人聞訊趕來，都十分悲痛，貨車對於他們來說是維持生活的工具，更讓人傷心的是齊鳴的身體也受了傷。

　　員警趕來處理交通事故，齊鳴的妻子十分不解地問交警：「我們家齊鳴既沒有超速，也沒有違規行駛，為什麼還是會發生交通事故呢？」

　　交警說：「造成這個事故的原因，就是那一塑膠桶的汽油。」

　　妻子想起來，這一塑膠桶汽油還是自己幫丈夫放到車上的，是丈夫害怕長途行車途中沒有油不方便。妻子看著交警，示意他繼續講。

　　「這一塑膠桶汽油就是罪魁禍首，因為爆炸就是從這開始的。在齊鳴開車行駛的過程中，桶裡的汽油不斷地晃動，並始終和塑膠桶壁摩擦、撞擊。汽油和塑膠桶都不容易導電，所以二者摩擦所產生的電荷就不斷在塑膠桶中積累。積累到一定程度，塑膠桶壁和汽油之間就開始放電，最後靜電產生了火花。就是這個小小的火花，最終點燃了汽油桶上面的汽油蒸氣與空氣的混合氣體，引起了爆炸。幸虧齊鳴眼明手快，及時跳了出來，要不然恐怕連性命都難保。」

　　其實靜電火花不僅能引起汽油爆炸，奶粉、咖啡粉、砂糖、麵粉、茶葉末、木粉、煤粉、鋁粉等都可能會被點燃。如果懸浮在空氣中的物質達到一定的數量，它們也都會因為

靜電火花或其他火花而產生爆炸。在工業史上，麵粉廠、鋁製品廠因為空中的粉塵太多而發生爆炸的事並不罕見。

物理碰碰車
靜電也善良

靜電可能會引發意外事故，即使沒有大事故，被電一下身體也會感覺麻麻的不舒服，所以大家都避之惟恐不及。不過，靜電也並不總是一副惡魔的樣子，如果能夠巧妙應用，靜電也可以很善良。

有一種點煤氣灶用的「槍」，用手一扣扳機，前端「槍筒」上就會打一個火花點燃煤氣灶。這種煤氣槍裡有一種特殊的物質叫「壓電體」，扣扳機的時候我們對它施加了壓力，於是在這個壓電體的兩個表面上就會產生幾萬伏的高電壓，產生火花放電，這是靜電的一種應用。另外，我們也可以利用靜電吸引小顆粒的方法來給家裡做除塵。

霸王別姬與靜電影印機

如今想要複製檔案，影印機是每個人的不二之選。那麼你知道影印機是怎麼發明出來的嗎？說起來，這個發明與「霸王別姬」這個故事還有很大的關聯呢！

影印機的發明者是美國一位名叫卡爾森的工程師，他是一個做事喜歡動腦筋的人，工作之餘經常做一些小發明。

有一次，他到公司的祕書處辦事，看見祕書處的工作人員都忙得昏天暗地，一份資料要抄好幾遍，有的甚至要抄十幾遍，既辛苦又浪費人力。他當時就想，要是能發明出一種不用重複抄寫的機器就好了。從那以後，他一直沒有忘記這件事，只要一有空就在腦子裡琢磨。可是，經歷了很長時間，他也沒有想出很好的辦法。

在一個星期天的晚上，卡爾森來到一家中式餐廳吃飯，無意間，他看到牆上掛著一幅畫，走近一看，名字是《霸王別姬》。熱情的老闆看到他很感興趣，就把這幅畫中的故事，生動形象地向卡爾森描述了一番：「這幅畫是霸王自刎

前與虞姬生離死別的情景。講的是中國歷史上有名的楚漢之爭。

楚霸王項羽，有一次遭到漢高祖劉邦的襲擊，幾乎全軍覆沒，於是帶著虞姬和剩下的幾個士兵，逃到了烏江邊。看著滾滾流動的江水，他握緊拳頭，發誓要重整旗鼓，打敗劉邦。這時，一個士兵忽然發現不遠處矗立著一個石碑，他們走近一看，上面寫著「霸王自刎烏江」六個大字。看到這句話，項羽不寒而慄，但他轉念一想，這一定是劉邦幹的，我可不能上當。

不過，當他湊近看的時候，心理防線一下子就崩潰了。他仰天大吼一聲：「這是天意啊——」說完就拔劍自刎了。原來這幾個字竟是由許許多多的螞蟻組成的，並不是劉邦派人寫上嚇唬他的。其實，項羽還是中了劉邦的詭計，那幾個字是用蜂蜜寫成的，螞蟻聞到甜味，紛紛爬上去了之後就出現了這幾個由螞蟻組成的醒目大字。

「太好了！」卡爾森大聲說，老闆對卡爾森的反應感覺很奇怪，就走到一邊去了。其實，卡爾森是找到了複印資料的方法。他想要是將一張紙上的筆劃像塗蜂蜜一樣塗在另一張紙上，然後讓墨粉像螞蟻一樣附在上面，問題不是迎刃而解了嗎？按照這種思路，他很快就設計出了影印機的草圖。

1938年10月23日，經過他不懈的努力，世界上最早的靜

電影印機終於問世了。卡爾森把一份稿件放入影印機複印後，世界上第一張影印本就由此誕生了。

物理碰碰車
靜電影印機中的「蜂蜜」與「螞蟻」

　　靜電影印機在複印資料的時候，首先會把原件的文字或圖像投影到一個半導體平面上，隨後這個平面會被塗上一層反光負載粉，靜電區域隨後迅速吸附這些負載粉，此時便得到一張粉圖，再把粉圖壓到白紙上，加熱烘乾後就可以得到一張與原件一模一樣的資料。看了這段介紹，你知道靜電影印機中的「蜂蜜」和「螞蟻」都是什麼了嗎？

　　經過幾十年的發展，影印機已經有幾千個型號。按複印的顏色來分，可以分為單色、多色及彩色影印機；按影印機的尺寸來分，可以分為普及型、手提型和大工程圖紙影印機等。

打開低溫世界的「魔盒」

低溫世界裡有許多奇觀，比如液態氮裡面浸過的鮮花，在漆黑的房間裡，你會發現它能發出藍色的光。

低溫世界真是一個充滿魔幻感的地方。卡末林·昂納斯是荷蘭萊頓大學的實驗物理和氣象學教授，他的實驗室是世界聞名的低溫研究中心，也是世界上最冷的地方。人們都說，他是一個打開低溫世界「魔盒」的人。

在美麗的萊頓城裡，即使外面溫暖如春，蜂飛蝶舞，昂納斯的實驗室裡依然是個寒冷的世界，甚至比地球上最寒冷的南極和北極的最低溫度還要低幾倍。

在常人的眼裡，這裡是一個寒冷寂寞的世界，可是昂納斯卻樂在其中，認為這裡充滿了神祕，總能找到探索的樂趣。

「我能不能製造出一個溫度更低一點的世界呢？」這是每天都閃爍在昂納斯腦海裡的念頭。

當時，科學家已經可以把除了氦氣以外的氣體全部變成

液態，人們已經獲得了－253℃的低溫。那麼把氦變成液體一定能獲得更低的溫度，昂納斯這樣想到。可是，把氦氣變成液態卻有著許多人們想像不到的難處。

實驗室的人都悄悄議論著。

「在液態氦的溫度下，空氣都要變成固體了。」

「如果真的製成了液態氦，一旦與空氣接觸，液態氦的表面就會蓋上堅硬的空氣蓋子。」可是昂納斯不理這些非議，仍然固執地做低溫實驗，希望能創造一個前所未有的低溫世界。不過在他也知道，低溫並不是一下子就能達到的，需要沿著溫度的台階一步一步走下去，而且溫度越低越困難。

經過長期的努力，他終於用液態氯甲烷達到了－90℃，用液態乙烯達到了－145℃，用液態氧氣達到了－183℃，最終用液態氫氣製造出了－253℃。

1908年的時候，昂納斯終於成功了！他用液態氦氣得到了－269℃的低溫！這個溫度屬於超低溫，當時世界上只有昂納斯的實驗室裡能夠得到這樣的低溫。

之後不久，昂納斯的實驗室裡又一次傳出了震驚世界的消息：「看，－269℃的低溫下，水銀的電阻沒有啦！」看到這種現象，昂納斯驚訝得睜大了雙眼。

竟然有這樣的奇蹟？實驗室成員紛紛圍了過來。

「沒有電阻意味著什麼？」昂納斯興奮地問周圍的人。

周圍的人用同樣興奮的語氣回答他：「電阻消失了，電流就永遠不會衰竭了。」

緊接著，昂納斯又做了其他的實驗，他發現除了水銀之外，這個溫度下的鉛、錫，電阻也會突然消失。後來，他利用超導現象製作了一個「電流永動機」。

他把一個鉛線圈浸入液體氦中，旁邊放置一塊磁鐵，如果突然把磁鐵拿走，根據電磁感應原理，鉛圈內就產生了感應電流，這電流就會就像一匹駿馬一樣，沿著鉛圈不知疲倦地跑呀跑，永不停止——就是因為沒有電阻！

這就是有名的超導現象，就是水銀在－269°C的時候沒有電阻，而昂納斯也因為這個偉大的發現獲得了1913年的諾貝爾獎。

物理碰碰車
超導材料的困境

超導現象的發現讓人們對超導材料的出現充滿期待。如果用這樣的超導材料來輸電，即使從三峽水電站把電送到上海也不會浪費一點電力。

不過，現在超導材料很難應用於現實生活中，這是因為超導體是誕生在超低溫液體氦中的。可是液體氦的價格貴得嚇人，而且難於製造。別說液體氦，找到裝它的容器都很

難。因此低溫超導材料雖然給人們帶來了希望，但是想要應用於生活中幾乎是不可能的。

因此目前人們把目光轉向了高溫超導材料的研究，不過這個高溫是相對於液體氦的溫度而言的。

4

無論如何也甩不開的力
——有關磁力的故事

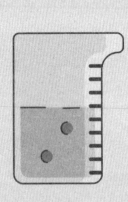

隔空吸物——無法阻擋 的磁性

大家都玩過磁鐵吧？大家一定會被磁鐵的神祕性給吸引住，不過它隔空吸物的本領如果被不懷好心的人利用的話，結果還是挺讓人鬱悶的！在菜市場裡，有位老太太向市場管理員歐陽豐華反映，有個戴瓜皮帽的小販賣蘋果總是少斤少兩，如果有人問他，他總是不講道理。歐陽豐華早已聽說有幾個顧客也曾反映他，今天，他就要去解決這個問題。

他朝「瓜皮帽」走過去，說：「你又欺騙顧客了？」

「歐陽先生，自從你上次告誡過我之後，我就再也沒做短斤少兩的事情，不相信你看看，」說著把秤盤翻過來給大家看，上面乾乾淨淨，「盤子底下沒有磁鐵了吧？我這個人，是知錯就改，知錯必改。」面對一副油嘴滑舌的面孔，歐陽非常沉著冷靜，說：「這位老太太剛才買了幾斤？」

「5斤。」

「放上再秤秤！」歐陽以堅定的口氣說，他似乎已看到「瓜皮帽」表情裡的虛偽。

「瓜皮帽」唯恐露了馬腳，把秤盤儘量靠近身體，一秤，倒成了5.5斤了。

「你改錯還矯枉過正呢！買5斤給人家5斤半？」歐陽譏諷地說。

「瓜皮帽」尷尬地賠著笑臉。

只見歐陽從口袋裡掏出一把迴紋針隨手一撒，迴紋針就被吸住了。由此斷定，他雖然已將小磁鐵從秤盤底下拿走了，但又換了一塊大磁鐵綁在大腿上。

當秤盤靠近時，磁力就吸引秤盤，這樣，秤盤裡的蘋果，再加上這個磁力一共稱了5斤，蘋果肯定不夠斤兩。但吸力的大小與磁鐵到秤盤的距離有關，最後秤的這次，他一直怕露馬腳，就儘量讓秤盤靠近磁鐵，沒想到，吸力又太大了，露出了破綻。

歐陽立刻揭穿了他騙人的伎倆。「瓜皮帽」垂頭喪氣的低下頭，乖乖地接受處罰。

 物理碰碰車
磁鐵的特性

　　磁鐵，是含有磁性的物質，磁性就是能夠吸引鐵、鈷、鎳等金屬的性質。磁鐵分為「永磁體」和「電磁體」。磁鐵有兩個磁極，也就是南極和北極，分別用「S」和「N」表示。這兩極遵循「同性相斥、異性相吸」的特性。

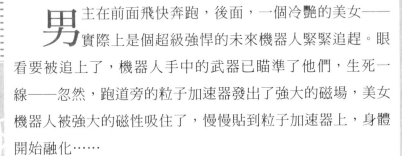

鐵筆畫出神祕磁場

$\mathbf{男}$主在前面飛快奔跑，後面，一個冷艷的美女——實際上是個超級強悍的未來機器人緊緊追趕。眼看要被追上了，機器人手中的武器已瞄準了他們，生死一線——忽然，跑道旁的粒子加速器發出了強大的磁場，美女機器人被強大的磁性吸住了，慢慢貼到粒子加速器上，身體開始融化……

這個場景你熟悉嗎？這是科幻電影《終結者》中的場景。這裡，如果不是磁場幫忙，男主角肯定要死了！磁場是不是真的很厲害呢？但磁場究竟是什麼東西呢？

磁鐵周圍存在著磁力，人無法感覺磁力的存在，但利用鐵屑就可以間接顯示出磁力的分佈情況，而磁力的分佈情況就是磁場。

在一張光滑的硬紙片或玻璃片上均勻地撒上鐵屑，在紙片或玻璃片下放一塊普通的磁鐵，輕輕抖動鐵屑，並敲叩紙片或玻璃片。磁力是能夠穿透這些障礙物的，所以鐵屑在磁

力的作用下就被磁化，磁化了的鐵屑在被抖動時就會離開原先的位置，並在磁力的作用下沿磁力線排列起來。這樣，我們就透過鐵屑的排列看到無形的磁力線的分佈情況了。

在磁力的作用下，鐵屑分別從磁鐵的兩極輻射開來，在兩極中間又連接起來，組成一條條或長或短的弧線，進而形成一組複雜的曲線圖形。離磁極越近，鐵屑組成的線越稠密，越清晰；反之，距離越遠，線就越稀疏，越模糊。這證明，磁力的強度與距離成反比。這個實驗讓我們親眼看到了物理學家在頭腦中所描摹的圖景，也就是每一塊磁鐵周圍無形的卻客觀存在的磁場線。

假如人們有了能直接感覺到磁力的器官，會有怎樣的體會呢？那必然會是一件很有趣的事。

克賴德爾曾用蝦子做過磁力感應實驗。他在小蝦的耳朵裡發現了一種小石子，這種小石子作為感覺纖維作用於小蝦的平衡器官。他在實驗中發現，如果用一些鐵屑代替這些小石子放入小蝦的耳朵中，它並不會發生什麼反應，不過一旦拿一塊磁鐵靠近小蝦，小蝦的身體方向會發生改變，它所在平面會變成磁力和重力的合力的平面。這種作用相同的小石子存在於人類的聽覺器官的附近，我們稱它為「耳石」，它的作用力在垂直地面的方向。

有人成功地將這個實驗運用於人身上，他把一些鐵屑放

在人的耳鼓膜上，結果人能察覺到磁力的振動，就像能夠察覺聲音的振動一樣。

物理碰碰車
四大發明之一的指南針

指南針，你一定知道！這是中國的四大發明之一。2300年前，中國人把天然磁鐵磨成勺子的形狀放在光滑的平面上，在地磁的作用下，勺柄指向南邊，因此人們叫這個裝置為「司南」。這，就是指南針的原型，也可說是世界上第一個指南儀。

變傻的指南針

地球上有沒有這樣的一個地方，指南針的指標兩頭都朝南或者兩頭都朝北呢？這個問題看似奇怪，其實卻並不荒唐。

按照常識，我們認為指南針的指標永遠是一頭朝北，一頭朝南。但是，地球的兩個磁極和地理上的南北極並不重合，這樣一提醒，你是否已經悟出所問的地方在地球上的哪個方位了？

假如將指南針放在地理上的南極，你覺得它會指向哪個方向呢？如果從南極出發，無論朝哪個方向走，都是向北的，地理上南極的四面八方，除北之外沒有別的方向。所以，並不是指南針失靈，而是特殊的地理位置導致指南針兩個指標都會指向附近的磁極，也就是在此時此刻指南針會永遠朝北。

同理，如果去到地理上的北極，則它指標的兩頭便都會朝南。所以，如果拿著指南針去南北極探險，那是真的很危

險，你很可能因為指南針找不到方向而迷路。

物理碰碰車
地球是一塊大磁鐵

　　地球是一塊大磁鐵，這個說法是完全正確的。1600年前後，英國物理學家吉伯也產生了同樣的疑問，然後，他決定用實驗驗證一下。他把一大塊天然磁石磨製成球狀，把小鐵絲製成的小磁針放在石球上，觀察磁針的取向。他發現，在天然磁石的作用下，小磁針的行為跟地球上的指南針極為相似。由此，吉伯證明出，地球就是一塊大磁鐵！

懸棺中的磁極祕密

穆罕默德是伊斯蘭教的創始人，傳聞他的棺材是懸在墳墓中的，看起來上無牽拉，下無支撐。世界上真有這麼神奇的事情？

科學家當然不會被那些傳說嚇到，他們認為世間的一切都可以用科學來解釋。對於穆罕默德的懸棺，科學家歐拉是這樣解釋的：「因為有些人造磁鐵確能吊起100磅的重量，所以人們傳說這口棺材是靠某種磁力支撐起來的，這似乎有可能。」

這看起來很有道理，但是即使磁鐵吸引力可以使引力和重力在一段時間內保持平衡，但利用很小的外力，甚至空氣流動的力量就可以打破這種平衡，使得棺材被吸向墓室頂或是跌落到地上。因此就像不能使圓椎體尖頂朝下豎立一樣，要讓棺材懸著不動實在是不可能的，雖然這在理論上是可以講得通的。

但是「懸棺」現象的再現也不是完全沒有可能的，不過

利用的卻是磁鐵的排斥力，而不是磁鐵與物體之間的相互吸引力。大家知道，同性的磁極是互相排斥的，傳說中的穆罕默德懸棺就是利用這樣的原理懸起來的。

將兩塊被磁化了的鐵的同性磁極疊放在一起，也會互相排斥，如果上面那塊重量適當，就不難懸在下面一塊的上方，兩塊被磁化的鐵就能在不接觸的情況下保持穩定的平衡。這時只要有不能被磁化的材料，比如玻璃做支撐，還可以阻止其在水平面上轉動。

如果把磁鐵的吸引力施加到運動著的物體上，也會產生這種懸浮現象。有人據此提出了一項沒有摩擦力的電磁鐵道的巧妙設計，也就是後來出現的磁懸浮列車。

現實中也有這樣的現象，一位工人在使用電磁起重機時發現了有趣的一幕：一個很大很重的鐵球用鍊子固定在地面上，被電磁片利用吸引力吸起，鐵球與磁鐵並沒有接合，而是直接被吊起，中間大概留有15至20公分的空餘，這條鐵鍊竟然能夠直挺挺地站在地面上！甚至工人攀上鐵鍊也一同被懸掛了起來，可見磁力的力量實在是很大。這與傳說中的穆罕默德的懸棺極其相似。

物理碰碰車
俄羅斯的磁山

　　傳說中所謂的「磁岩」，就是富含磁鐵礦藏的山，從某種程度上來說，磁岩就是一大塊磁鐵。在現實生活中，俄羅斯的冶金重鎮馬格尼托哥爾斯克附近就有這樣一座著名的磁山——「馬格尼特山」。附近的居民為了避免受到地磁的影響，很少使用鋼鐵來打造船隻。不過，這座磁山的磁力很小，幾乎可以忽略不計。

克敵制勝的磁石神兵

磁石可以指明方向，這個知識大家都知道，並不新鮮。不過磁石做士兵來打敗敵人，你聽說過嗎？

晉朝的時候有位大將軍叫馬隆，他年少的時候就足智多謀，敢作敢為。後經他人推薦，成了朝廷中的一員良將。

有一次晉武帝司馬炎想要討伐長江以南的吳國，不料西方涼州的古羌人打敗了朝廷的將軍，佔領河西一帶。這樣一來，討伐江南的路就被古羌人堵死了。晉武帝一籌莫展，於是在朝堂上說：「可有良將能為我討伐羌人，收復涼州？」

朝堂上的文武百官都知道古羌人的厲害，沒有一個人敢出聲的。看到這種情況，馬隆走上前去，對晉武帝說只要給他三千勇士，他就可以平定涼州。晉武帝一聽，立即答應了他的條件，並封他為武威太守。

朝上的大臣們都反對馬隆募兵，認為他是不顧朝廷的安危逞英雄。甚至有些官員還把三國時期留下的過時兵器給了他。不過馬隆打定了主意，毫不畏懼，在武帝的支持下招募

勇士，不到半天就招來3500人。隨後武帝又撥給他三年的軍費。

在西元279年，他率領軍隊向西出發了。古羌人則派出了萬餘名士兵來圍截馬隆。古羌人的首領叫權才機能，他利用古羌人所在地的地理優勢來阻擋馬隆前進，並且在隱蔽的地方設下埋伏，聲勢浩大。

不過馬隆也沒有退縮，他利用諸葛亮的八陣圖對陣。寬闊的地方，就以鹿角車（將帶枝的樹木削尖，放在車上，叫鹿角車）開路；在狹窄的地方，就在車上放置一個木屋擋住敵人的視線，邊戰邊向前推進。另外馬隆充分運用了部下的弓箭，讓弓箭所到範圍內，使敵人死傷慘重，這一招讓敵人的士氣大大下降。

有一天，馬隆巡視的時候發現了一個遍地都是磁石的地方。他心生一計，打算以謀略取勝。選好地形之後，馬隆在狹窄的山口兩旁堆滿磁石。古羌人身披鎧甲，他們走近磁石的時候，將受磁石感應而被吸引，就像有無形的手在拉他們，會減緩他們的速度。而馬隆的部下則全部脫下了鎧甲，換上了犀甲。磁石對皮革不起作用，所以晉朝的士兵行動就不會受到阻礙。

設置好機關之後，馬隆率兵去攻打羌人，羌人騎馬大舉反攻。馬隆佯裝敗退，羌人則緊追不放。經過一個狹窄的山

口時，這些羌人就像遇到了魔鬼一樣，感到行動困難，無法走出山口。那時文化落後，人們都很迷信，羌人中不知誰喊了一聲：「不好！馬隆有神明相助。」剎那間羌人亂作一團，想要退出山口。

馬隆見時機已到，一聲令下，進行反攻，羌人死傷無數。就這樣，馬隆巧妙利用磁力為朝廷平定了西涼。

物理碰碰車
脆弱的磁鐵

磁石是具有磁性的天然礦石，主要的成分是四氧化三鐵，二氧化矽等，是永磁體。而磁鐵是透過現代工業磁化的鐵，也就是有了磁性的鐵，不過磁性不穩定，時間長了可能會消磁。

別看磁鐵這傢伙是經過加工的，但是非常脆弱，使用的時候一定要小心，如果掉在地上它很容易被摔斷。另外，如果太靠近火源或者在使用的時候總是發生碰撞，磁性就會減弱。

打開電磁學大門的奧斯特

現在所有的科學家都承認電磁之間是可以轉換的，但是最初很多大牌科學家都否認電磁之間存在關係，所以邁出電磁轉換研究的第一步是非常艱難的。

1777年，奧斯特出生於丹麥，從小就聰明好學，1799年獲得了哥本哈根大學的博士學位，並在學校擔任了科研助手。他信奉康得、謝林等人關於自然力轉化的哲學思想，始終相信電和磁是可以轉化的。不過，當時很多著名的科學家都公開認為電和磁之間沒有關係，比如大名鼎鼎的物理學家庫倫和安培。

當然，也有些人根據實際經驗猜測電和磁之間存在著某些關係。一位商人發現雷電使箱子中的刀、叉發生了磁化現象；富蘭克林也發現放電可以讓焊條磁化或退磁。這些活生生的例子讓奧斯特更加堅信「電是可以轉化為磁的」。但是讓人沮喪的是，奧斯特的電磁實驗都沒有成功。

1820年4月的一天，他按照慣例去給大家做科學演講。

他一邊講課，一邊給大家做著示範實驗。講著講著，他突然想到：過去許多科學家都是在沿著電流的方向尋找電與磁的關係，但是會不會電流的磁力作用根本不是縱向的，而是橫向的呢？想到這裡，奧斯特把導線和磁針平行放置，在導線上通電之後，原本與導線平行的磁針發生了一定程度的偏轉。奧斯特欣喜若狂，竟然摔了一跤，他嘴裡念念有詞：「這是電磁之間存在關係的一個證據！」

隨後，奧斯特花費了3個月的時間，做了60多個實驗後宣佈：他發現了電流的磁效應。奧斯特揭示了電與磁之間的關係，為法拉第發現電磁感應定律和麥克斯韋建立統一的電磁場理論奠定了基礎。有趣的是，當年否認電、磁之間有關係的安培，竟然以奧斯特的結論為基礎提出了電流之間相互作用的安培定律。

電磁理論的奠基人法拉第對奧斯特的發現做出了評價：「它猛然打開了一扇科學領域的大門，過去那裡一片漆黑，如今則充滿了光明。」

物理碰碰車
勤勉博學的奧斯特

　　除了發現了電可以轉化為磁，奧斯特在科學研究中的貢獻是多方面的。1820年，他發現了胡椒中刺激性成分之一的胡椒鹼；1822年，他第一次精確地測量了水的壓縮係數；1825年，他首次分離出了金屬鋁。

　　同時，奧斯特還創辦了丹麥科學知識振興協會，積極向大眾傳授普及科學知識。奧斯特還經常親自參與其中，深入淺出地講授自然科學知識。

　　自1908年起，這個協會設立了奧斯特獎，用來表彰對丹麥物理學研究有出色貢獻的科學家。1829年，奧斯特創建了丹麥工程學院，並擔任院長。

「會跑」的電磁理論

1820年的一天，法國科學院舉行了一次講座，內容是由物理學家阿拉果介紹奧斯特關於電流能夠產生磁場這一新發現。

阿拉果的演示實驗讓大家目睹了電流作用於磁針的現象。在場的科學家目睹這一實驗後，心理引起了強烈的撼動。這些科學家長期信奉庫侖關於電、磁沒有關係的理論，但是在事實面前卻不得不低下了頭。安培就是其中的一員。不過，安培很快接受了新的理論，並提出「既然電流能像磁石一樣吸引小磁針，那麼可以推斷，導線中的電流也能夠相互作用。」這一獨特的見解馬上引起了阿拉果和他的搭檔畢奧的興趣。他倆立即對安培說：「會議結束之後，咱們在科學院大門口不見不散。」

會議一結束，安培就準備去大門口等著兩位科學家，突然他的腦海中出現了兩條平行導線中電流的作用問題。他邊走邊想，陷入了思考之中。他想得正入神時，一抬頭，隱隱

約約看見前面有一塊黑板。

「太好了！」他高興地大喊。

原來，安培正為沒有地方運算而發愁呢。於是，他走到黑板前，從口袋裡掏出一支粉筆，在黑板上計算起來。阿拉果和畢奧一邊走一邊誇獎安培頭腦靈活。忽然，他倆看見遠處，有一個人正在馬車背後全神貫注地寫著什麼。

「這是誰啊？怎麼會如此認真？」他們倆走近一看，竟是安培。於是，他們倆就在不遠處停了下來，望著安培的背影，暗自納悶。過路的人都對安培的舉動感到好笑，而安培卻心無旁念地用粉筆在馬車的車廂上寫著，寫著。馬車在不停地走著，安培跟在後面不停地寫⋯⋯

阿拉果和畢奧悄悄地來到安培身後，一看，整個車身已經被安培寫得密密麻麻。這時，馬車又開始走動起來，越走越快，最終安培就跟著跑起來。馬車越來越快，最後跑到一個拐彎處消失了。這時候安培才發現，那根本不是什麼黑板，而是一輛馬車的車廂背面。

安培望著遠去的馬車背影，望著那「黑板」後密密麻麻的計算公式，無可奈何地搖了搖頭。安培對奧斯特的新發現深深地著迷了。回去以後，他集中全力進行研究，在大量事實的基礎上，透過精心研究，在不到一個月的時間內，安培就向科學院提交了三篇有關的研究論文，報告了他一生中最

偉大的發現：不僅電流對磁針有作用，而且兩個電流之間也有相互作用。在兩根平行的通電導體中，如果電流的方向相同，它們就相吸引；如果電流的方向相反，它們就相互排斥。後來，安培在這個基礎上繼續探索著，在研究中又取得了大量成果，並且發現了電流之間相互作用的規律。後來，人們把這定律稱為「安培定律」。

物理碰碰車
有錯就改的安培

　　安培是法國的物理學家，對數學、化學都有貢獻。1775年1月22日他生於一個富商家庭。最初，他並不認為電和磁之間存在聯繫，但是奧斯特的實驗事實改變了他的觀點，而且他很快就修正了自己的錯誤觀念，還投入電磁學的研究中。

　　1820~1827年這段時間內，他發現了安培定則；總結出了電流的相互作用規律；發明了電流計；提出分子電流假說。雖然安培的一生中，他只有很短的一段時間從事物理工作，但是卻在這短短的時間內變成了電動力學的先創者。

雷電是塊大磁鐵

1731年，一個英國商人偶然發現，雷電過後，他的一箱刀叉竟都有了磁性，可以吸附細小的東西！這是不是說明雷電其實就是一塊大磁鐵呢？

一次偶然的強雷電，讓人們瞭解到了由雷電引起的電磁轉化現象。事故現場的電視天線高度在6公尺左右，周圍的建築物和樹木的高度都比電視天線的高度要低。

當時積雨層距離天線的高度在300公尺以上，距離強雷電發生的距離為1000公尺左右。室內的天線和電源插頭都已近拔掉，天線接頭距離電視接線端大約為20公分。

電視天線饋線的長度大約為20公尺。一道閃光後，巨大的雷從1000公尺的高空炸起，與此同時電視機後面「啪」的一聲閃過一道弧光。靠近一看，電視天線和電視機的各接線端頭都被高壓電弧燒毀了。按照常理來說，一萬伏特的高壓靜電能擊穿1公分的乾燥空氣介質，如果想要穿透天線接頭到電視接線埠的20公分的距離，需要20萬伏特的高壓才能擊穿。

考慮到當時是雷雨天氣，擊穿1公分空氣介質所需的電壓大約在5000伏特左右，即便是這樣，擊穿20公分的空氣介質，電壓也要在10萬伏特左右。這說明在20公尺長的金屬饋線上至少產生了10萬伏特左右的磁感應電荷。

　　雖然雷電對人類的害處很多，但是它也不是一無是處的。雷電是一種強大的脈衝波，因此會形成強脈衝磁場。而人體是導體，強磁場會在人體中產生瞬間的感應電流，進而衝破人體的經絡；同時，人體也是一個電磁源，外界不同強度、頻率和波長的電磁場都會對人體產生影響。

　　適當的電磁脈衝輻射會激發人體能量，也可能使人體產生特異功能。不過，不管你想要獲得特異功能的願望是多麼強烈，也千萬不要在雷雨天跑出去尋找雷擊的機會。因為獲得特異功能是個小機率事件，但是被雷擊中後死翹翹卻是個大機率事件。

物理碰碰車
電擊療法的原理

　　人類的感覺是透過神經系統傳遞的，如果通道傳導不暢，一部分人可能因此失明或耳聾，如果接受電擊，很有可能在瞬間強大的電磁－磁電的轉換過程中，強磁場或強電場可能激發原有的神經或感覺器官使其恢復正常的功能。

變磁為電的法拉第

如果要說奧斯特發現的電流磁效應的最大貢獻，那就是，他催生法拉第發現了電磁感應現象。

是蛋生雞，還是雞生蛋？這是個千古謎題，也形象地說出了相互依存的兩個事物之間的複雜關係。當然，科學家們最喜歡這樣想：既然電能產生磁，那磁能產生電嗎？

法拉第是個跟奧斯特一樣勤奮又執著的人。看到奧斯特的結論，他產生了一個聯想：既然電流能產生磁，那為什麼磁不能變成電呢？如果能變成電，力量也一定不會小的。1821年，他便在筆記本上寫下了「轉磁為電」幾個大字。

1833年，透過自己的努力，邁克爾·法拉第在英國皇家學院獲得教授的頭銜，這一年，他正好43歲。從一個沒有受過正規教育的書鋪學徒，到堂堂大學的教授，一時間成了科學史上的一段佳話。他出生在貧寒的家庭，13歲被父親送到書鋪裡當學徒，在那裡，他用自己的辛苦勞動換取微薄的收入，但是他從書鋪中得到了很多的快樂。「一根玻璃棒，在

一塊毛皮上摩擦幾下就能產生靜電？就能吸起一片紙屑？真是太奇妙了。」

有一次，法拉第從《大英百科全書》裡看到了瑪西特夫人講述的化學實驗，感到非常奇特，便照著書中講的那樣做起實驗來。他跑到藥房裡去找一些扔掉的小瓶子，去買一點便宜的藥品，躲在自己的小閣樓裡精心地做著自己的研究，而且如癡如醉……

後來一個偶然機會，法拉第被化學家大衛發現。這個發現了多種新元素的偉大化學家十分愛惜人才。他把法拉第邀到了皇家學院，做自己的實驗助手。

到了皇家學院的實驗室，法拉第如魚得水，專心致志地開始了自己研究工作。為了實現自己的夢想，在這之前，法拉第就已經完成了電磁學上一個重要的試驗。他在一個玻璃缸中央立上一根磁棒，倒上水銀以後，讓磁極的一端露出來，再用銅絲捆住一塊放到水銀缸裡的軟木，將導線一端接在磁棒上，另一端透過銅絲與磁棒的另一極聯起來。

這樣，電源接通後，導線馬上開始移動了……這個試驗是他在電磁學上的一個很大的突破。法拉第為了徹底弄清磁是否能轉變成電這個問題，那一段時間，他的口袋裡總是放著一個電磁線圈的模型，一有空就把模型拿出來琢磨，仔細地思索著，如果有靈感，就一頭栽進實驗室。

　　直到1831年10月17日，法拉第把磁轉變成電的實驗終於成功了。這個實驗不知不覺就用去整整10年。此後，法拉第又繼續進行大量的實驗，以探討電磁感應產生的條件。

　　法拉第發現「電磁感應」後，更加快了他的研究步伐。他利用這一原理，製造出了世界上第一台發電機。

物理碰碰車
轉磁為電的法拉第

　　法拉第是英國著名物理學家、化學家，在化學、電化學、電磁學等領域都做出過傑出貢獻。他家境貧寒，未受過正規教育，但刻苦勤奮、探索真理、不計個人名利的典範，對於青少年富有教育意義。

　　1816年發表第一篇科學論文。他最初從事化學研究工作，也涉足合金鋼、重玻璃的研製。在電磁學領域，傾注了大量心血，取得出色成績。1824年被選為皇家學會會員，1825年接替大衛任皇家學院實驗室主任，1833年任皇家學院化學教授。

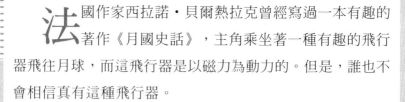

在空中跑的火車

法國作家西拉諾・貝爾熱拉克曾經寫過一本有趣的著作《月國史話》，主角乘坐著一種有趣的飛行器飛往月球，而這飛行器是以磁力為動力的。但是，誰也不會相信真有這種飛行器。

事實上，這種飛行器從理論上來講是可行的。我們首先看看他在書中是怎樣描寫的：

我吩咐工匠用鐵料打造了一個槽車，然後用手將一個磁鐵球高高地拋過頭頂，槽車便隨之騰上空中。我不讓槽車接近吸引它的磁球，每當將要接近時，我就再次把磁球拋起。

有時我只是手拿著它，向上舉起，終於接近月球上的登陸點了。槽車好像黏住了我一樣，因為這時我手裡還緊握著那顆磁球，它好像捨不得讓我離開似的。

我控制著拋球的動作，為的是防止著陸時會跌傷，槽車的下降速度因磁球的引力而逐漸變慢。

當我距離月球表面只有兩三百公尺的時候，我就朝著與

降落方向成直角的方向拋出磁球，最終，槽車貼近了月球的地面。這時我跳出槽車，著陸在一片沙地上。

現在人們已經利用電磁的原理設計出了一種磁懸浮列車，這種列車已經在俄羅斯的莫斯科的多家郵局中使用，專門用來轉運較輕的郵寄品。這種電磁郵局的運送路長120公尺，運行速度為30公尺／秒。

這套設備省去了運行的動力、機務、乘務人員等開銷，雖然其中銅管道的費用很多，但每公里的運營成本很低。車廂在這種電磁鐵路上由於重量被電磁鐵的吸引所抵消，所以是完全沒有重量的。

設計者所設計的車廂既不是在軌道上，也不是飛在天空或者漂在水面上，而是懸在強勁的磁力線上奔馳，車廂沒有任何支撐和接觸的情況，在無形存在的磁力線上飛速前進。

由於它們之間沒有受到一絲摩擦，所以一旦運動起來，無需機車牽引就能依靠慣性保持原有的速度來運行。知道了這個原理，就能夠明白為什麼它能夠飛速地前進了。

車廂運動在被抽掉空氣的真空銅製管道中，消除了運動阻力，而整個銅製管道中，需要安裝很多強力電磁鐵，每隔一定的距離就要有一塊，這樣利用強大的吸引力保證它們不會跌落。

車廂是雪茄狀的大圓筒，每節長2.5公尺，高90公分。因

為要在真空中運動，所以車廂是密閉的，像潛水艇一樣，裡面配有自動清潔空氣的裝置。

發動之後，由於管道內沒有摩擦力，列車會依靠慣性一直向前，速度不會減小，直到車站的螺線管斷電後才會停住。而在管道中行駛的列車廂則是靠管道的「天花板」和「地板」之間強大的磁鐵磁力支撐著，車廂被電磁鐵向上吸引著，另外還有重力在向下拉，從而使車廂不會碰到「天花板」。而還未能等到它由於重力的作用而碰到「地板」時，便又被電磁鐵吸回去……

就這樣，列車在空中始終處於電磁力控制之中而做波浪式運動，這種運動就像在宇宙空間運行的行星一樣，既不會受到摩擦力的阻礙，也不需要提供動力。

 物理碰碰車
活躍在田間的「電磁鐵」

有些雜草的種子表面會有細微的絨毛，這些絨毛就像細細的爪子一樣，在動物經過的時候，會緊緊抓住動物的皮毛。如此，它就可以離開母體，另覓扎根處了。

不過利用雜草的這種特性就可以把雜草的種子從相對光滑的作物種子中分離出來。

具體的方法是，將鐵屑撒在混有雜草種子的作物種子

上，這時粗糙的雜草種子上會被鐵屑黏附上，而光滑的作物種子則不會被附著。這樣，便可以利用具有相應磁力的電磁鐵去吸，自然也就能從作物種子中把黏有鐵屑的雜草種子輕鬆地分離出來了。

提不起的鐵箱

有這樣一個鐵箱，不管你用多大的力氣都提不起來，什麼？你不相信？看完下面的魔術你就相信了！

在《電的應用》裡，作者描述了一位法國魔術師演出的過程：

魔術師想請台下自認為力氣很大的觀眾上台，幫他抬動一個不算太大、帶有把手的鐵皮箱。被魔術師點名的那位中等個子的阿拉伯壯漢充滿自信地走上台，看著舞台上的鐵箱，滿不在乎地問道：「就是要提這個箱子嗎？」

魔術師將他由上至下的打量一番，笑著問他：「你的力氣真的很大嗎？」

男子說道：「那還用說，我這塊頭，力氣絕對是沒問題。」

「你確信自己的力量不會變小？」

「怎麼會啊，我中午吃了很多的。」

「那如果我說，我可以讓你瞬間變得連一個小孩的力氣

都不如，你相信嗎？」

男子一撇嘴，不以為然地一笑，顯然不相信魔術師的話。

「那麼現在，請你提起這個箱子。」

男子毫不費力地一下子就把箱子提了起來，他以嘲笑般的語氣問道：「就提這麼輕的箱子？」

魔術師不慌不忙，抬手打了一個手勢，並且嚴肅地對男子說：「你的力氣已經被我吸走了，你現在再提一下箱子吧。」

男子重新去提箱子，但是這次箱子好像變得特別特別的沉重，不管他怎樣使勁，箱子都像黏在地上一樣，一動也不動。他不斷卯足全力想把箱子往上提依舊徒勞，最後難為情地離開舞台，剛才的神氣一下子就沒有了。

什麼樣的鐵箱連一個大男人也搬不動呢？其實不是這個人力氣不夠，而是因為鐵箱被人動了手腳。因為墊在箱子底下的強力電磁鐵的磁極通電後，產生了很大的吸引力，電流的強度很大決定了吸引力也很大，所以即使力氣再大的人也奈何不了。

在魔術舞台上，魔術師借助電磁鐵無形的磁力表演了很多精采的戲法，觀眾很難想到這其中竟是小小的磁鐵起的作用。

意想不到的古書防腐劑

　　生活中人們經常用蓄電池充電，但是你知道我們為什麼給古籍書充電嗎？以前博物館的工作人員不管如何小心，都難免會使書頁出現黏連而導致破損，實驗室的方法是借助電使古籍分離開來。

　　充電使得相鄰各頁得到同性電荷，這時它們就會相互排斥，於是便可以將書頁毫無損傷地分離開來，經過處理的書頁便可以隨意用手翻動，也易於進行裱糊，利用充電同性互斥的原理為古籍書充電可算是為博物館藏書的良好保存立了大功。

人類的「順風耳」

伽利略製造了「千里眼」，那麼「順風耳」又是什麼時候出現的呢？

「順風耳」——電話的發明者貝爾受家庭的影響，對聲學有極大的興趣，他22歲就被聘為美國波士頓大學的生理學教授。為了創造出電話，他發誓：不創造出就絕不離開實驗室。1875年6月2日傍晚，貝爾和他的助手沃森分別在兩個房間裡做實驗，為了防止外面的雜音進入室內，他們把門都關得密不透風的。

這時，零件發生了故障，貝爾發現電報機上的一塊鐵片在電磁鐵前不停地振動，他那訓練有素的耳朵立即敏銳地聽出，這微弱的振動傳送著一種聲音。

頓時，他的腦海中靈機一動，心裡默默地想：「如果對著鐵片講話，聲音就會使鐵片產生振動，鐵片後面再接入有繞著導線的磁鐵，鐵片振動時，會在導線中引起電流。電流傳到對方，同樣會使鐵片振動，這樣聲音就可以傳送給對

方。」

貝爾從這次偶然的故障中得到了啟發：電話如果像吉他那樣，利用音箱產生共鳴，那就一定能聽得見聲音。

貝爾和沃森連夜用床板製作了音箱。接著，他們不斷地改裝實驗裝置，又認真地檢查了一遍，然後回到自己的房間開始實驗。這時，貝爾不小心把桌上的酸性溶液撞翻了，溶液灑在他的西裝上面，他無比的沮喪，心情十分糟糕，對著機器大聲喊起來。

「沃森先生，快過來，快過來！」

想不到這一句普通的話竟成了人類用電傳送的第一句話。歷史記下了這一時刻，1876年3月10日。當時，貝爾只有29歲，沃森僅有20歲。

後來，經過貝爾和沃森不停地努力，最早的電話機——電磁式電話機終於誕生了。當年，貝爾獲得了電話的專利權，並成立了第一家電話公司。

1915年，第一條橫貫美國的電話線開通了，貝爾又一次像和他過去的助手通話一樣，激動而又大聲地喊著：「沃森先生，到這裡來，我需要你。」這次，這句話不是從一個房間傳到另一個房間，而是從東海岸邊傳到了西海岸邊，真正實現了「千里有話一線通」。

物理碰碰車
電話發明者──貝爾

　　1874年3月3日，貝爾出生於蘇格蘭的愛丁堡。1862年貝爾進入著名的愛丁堡大學，選擇語音學作為自己的專業。貝爾透過總結父輩們的經驗，進步很快。

　　1867年畢業後又進倫敦大學攻讀語言學。就在此時，英國發生大規模肺病，貝爾先後失去了兩個兄弟，其父帶著全家遷居加拿大以躲避瘟疫。

　　1869年22歲的貝爾受聘為波士頓大學語言教授，擔任聲學講座的主講。

　　1875年6月2日傍晚，當時貝爾28歲，沃特森21歲，他們趁勢打鐵，歷經半年的改進，終於完成了世界上第一台實用的電話機。

讓人瞬間變骷髏的恐怖射線
——生活中的射線

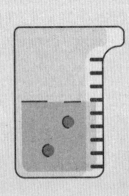

讓美女變骷髏的 X 射線

有這樣一種可怕的射線，只要美女走到它面前，立刻就會變身骷髏。其實，帥哥走到它面前也逃脫不了這樣的命運。不過，它並不是怪物，而是醫學檢查中非常常見的X射線。

1895年11月8日傍晚，德國的威廉‧倫琴，如同平常一樣來到了他自己的實驗室。當時，倫琴正在做陰極射線的研究，由於工作的原因，他只能把自己的實驗放到晚上進行。他用黑紙將陰極射線管遮蓋好，使它與外界相隔離，然後把窗簾放下，把燈熄滅，再接通電線，讓高壓電通過陰極射線管。突然，他發現一個奇怪的現象：從離放陰極射線管不到1公尺的小板凳上發出一道淡綠色的黃光。

「陰極射線管已經被黑紙包裹得密不透風，螢光幕也沒有豎起來，綠光是從哪裡來的呢？」

起初，倫琴還以為是自己的錯覺。他又瞇人眼睛仔細再看，果然有一道綠光。可是，當他把高壓電源關掉時，光線

也隨之消失了。

「板凳怎麼會發光呢？」倫琴十分不解，敏感的他發現板凳上擺著自己原來做實驗時用的一塊硬紙板，硬紙板上塗了一層螢光材料，神祕的螢光就是從那兒發出來的。「可是，紙板怎麼會發光呢？是不是那個陰極射線管的原因呢？」

他很快感覺到自己發現了一種未知的光線。他又一次打開開關，拿了一本書放在硬紙板與陰極射線管之間，奇怪的是綠光還是投射在硬紙板上。他把陰極射線管的電源切掉，綠光一下子又消失了，實驗證明綠光確實與放電有關。接著，他先後在陰極射線管與硬紙板之間放了木頭、玻璃、硬橡膠等，結果發現這些東西都不能擋住這種光線。

「太神奇了！」倫琴喜出望外。

於是，倫琴在實驗室裡整整待了7個星期，終於確定這是一種還不為人知的新射線，所以就給它定名為X射線。後來，科學家為了紀念它的發現者，就將它稱為「倫琴射線」。

後來在一次倫琴的妻子來找他時出現了神奇的一幕：倫琴讓妻子幫他捂住照相底片，而那束神奇的射線正照射著它，一下子，倫琴看到在底片上，竟然出現了妻子的手指骨頭，甚至連手指上帶的結婚戒指都能看到！

太神奇了！倫琴禁不住驚叫起來：「原來這個射線可以穿透人體！」隨後，他馬上進行了更多實驗，並在次年的物

理學會議上展示了X射線的照片。很快，全世界的人都被這個神奇的穿透射線給震驚了──X射線從此進入人們的視野。

　　倫琴發現了X射線，但當時包括他本人在內，沒人知道這個神奇的穿透射線到底是什麼！直到20世紀初期，人們才知道，X射線實質上是一種比光波更短的電磁波，具有很強的穿透性，能透過很多對可見光不透明的物質，如墨紙、木料等，當然也包括人體！X射線發現後，很快在醫學上得到應用。它為疾病的診斷提供了準確的依據，大大提高了醫學診斷水準。

物理碰碰車
X射線發現者──倫琴

　　倫琴是德國實驗物理學家。1845年3月27日生於倫內普。3歲時全家遷居荷蘭併入荷蘭籍。1865年遷居瑞士蘇黎世，倫琴進入蘇黎世聯邦工業大學機械工程系，1868年畢業。1869年獲蘇黎世大學博士學位，並擔任了物理學教授孔脫的助手；1870年隨同孔脫返回德國，1871年隨他到維爾茨堡大學，1872年又隨他到斯特拉斯堡大學工作。1894年任維爾茨堡大學校長，1900年任慕尼克大學物理學教授和物理研究所主任。1923年2月10日在慕尼克逝世，享壽78歲。

發出微波的竊聽器

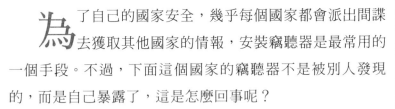

為了自己的國家安全，幾乎每個國家都會派出間諜去獲取其他國家的情報，安裝竊聽器是最常用的一個手段。不過，下面這個國家的竊聽器不是被別人發現的，而是自己暴露了，這是怎麼回事呢？

從前，有個美國駐某國大使館的工作人員時常感到身體不舒服，經過醫院的檢查也始終找不出任何病。他們想，也許是水土不服吧！於是美國做出決定：讓大使館的工作人員輪流定期回國休養。

有一次國內派來了一位電子專家對使館內的電子設備進行例行性檢查。他偶然間發現有一束微波每天定時照射這個大使館，大使館的工作人員身體不適正是由於受到過量的微波照射才產生的。

大廳牆上的一個木雕雄鷹是微波照射的目標。老鷹是美國的象徵，是大使館所在國家為了表示友好送給美國大使館的，送來後就一直掛在這個會議大廳裡。電子專家拆開木雕

才發現，裡面有個極小的竊聽器，因為竊聽者沒有機會給它更換電源，這個竊聽器沒有電源，實際上也不可能裝電源，它的能量全是由一束微波送來的。當微波束照射這個木雕像時，竊聽器便開始工作，並把大廳中的聲音由一束微波送回去。電子專家不得不感歎這種設計的巧妙。

自從人們發現微波能傳送能量之後，就有人就大膽地設想：如果把這個想法用到空中飛行的飛機上，飛機就可以從地面射來的微波束中得到能量。1987年9月人類實現了這個夢想，第一架無人駕駛的微波飛機在加拿大渥太華郊外的上空悠然自得地盤旋，它的能量來自飛機肚子下面的圓盤天線，一個像電話亭大小的發電機組把能量透過微波送上天空，飛機接收到微波後，再轉化成電力驅動螺旋槳。未來的微波飛機可以不著陸地環球飛行，部分代替衛星的工作，不過要每隔一、二百公里設一個微波發送站。

許多的物理學家都夢想著有朝一日能用微波的能量把太空梭送上天空，因為一個太空梭並不是很重，用微波發送可以節省20倍的經費。

物理碰碰車
幻想大型太空城

太陽所發出的射線經常會給科幻作家帶來靈感。他們預計在不遠的未來，人類將在月球與地球之間建立一個大型太空城。太空城由於能充分利用太陽能來發電，所以向地球出口的貿易中電力占主要成分，向地球輸送電能的最好方法是透過微波束。

當然當飛機或生物穿過微波束的時候會受到嚴重損害，不過地球上有許多荒無人煙的沙漠，在那些地方建立微波接收站就可以避免意外事故的發生。

核電廠洩漏爲什麼很恐怖

有時，人類研製出的東西，一旦控制不好，就會產生難以挽回的後果！核事故就是其一。下面，讓我們回到悲慘的1986年，去看看人類有史以來最慘烈的核事故！

車諾比核電廠，是蘇聯時期在烏克蘭境內修建的第一座核電廠。原本，它被認爲是世界上最安全的核電廠，可這個光榮頭銜在1986年4月26日這天被殘酷終結了！當天，研究人員按平常操作對核電廠4號反應爐進行半烘烤實驗，忽然，一簇火苗升起，失火了！很快，核電廠第4發電機組發生爆炸，而爆炸直接導致了核洩漏，31人當場死亡！

緊接著，8噸多強烈輻射性物質從核電廠漏出，輻射塵埃隨風而散，成了無形的殺人利器！塵埃隨風而散，俄羅斯、白俄羅斯、烏克蘭的許多地區都遭受到核輻射污染，之後15年內，陸續有6~8萬人因此死亡，核電廠方圓30公里地區的11萬5千多名的民眾被迫疏散、背井離鄉。一間又一間倒塌的房屋，高大卻空空蕩蕩、陰森恐怖的廠房——曾經，

車諾比是蘇聯的驕傲，可如今，這一片荒涼的無人地帶，成了每個人心頭的一道傷疤！

作為世界上影響最大的一次民用核電廠洩漏事故，1986年4月26日凌晨的1點23分鐘後發生在車諾比的許多細節，都透過媒體留在了許多人的記憶中。

如今，那次事故已經過去將近30年了，但是人們依然無法忘記這個陰影。受污染地區的居民就連吃飯、喝水這樣的小事都要小心翼翼，而當時出生的孩子們，甲狀腺癌、白血病兒童以及新生兒生理殘疾者數量也驟然增加。據專家估計，要想完全消除這場災難的影響最少需要800年時間！

物理碰碰車
切爾諾貝利巨鼠的傳說

1986年，烏克蘭境內的車諾比核電廠4號反應爐爆炸，30人當場死亡，8噸多的強輻射物洩漏。傳聞上世紀90年代的時候，一支9人科學考察小組進入車諾比時，遭遇了一群巨鼠的襲擊，只有一人生還，最後還是政府集結了大量軍隊和武器，才消滅了這些「車諾比巨鼠」。目前，這件事並沒有得到證實，但是核輻射的確可以影響生物的遺傳物質，改變生物的外在表現。

逃離「夜明珠」

電視上經常出現某人得到一顆夜明珠欣喜若狂的情節，不過，如果你有機會得到夜明珠，還是離它遠點比較好。

寶石專家分析，目前市場上的夜明珠主要由一種叫「螢石」的物質加工而成，其中含有稀土、鍶和鈣，而螢石在加熱或有紫外線照射下會顯出螢光，具有不同程度的反射性。前面我們也已經知道了放射性的危害，所以如果你獲得了一顆夜明珠，最好不要放在室內，拿去做個放射性檢測是比較保險的！

除了夜明珠外，骨頭製成的藝術品也往往含有高輻射。原因很簡單，動物吃了某種含鈾、鐳等物質的食物，而鐳等物質沉澱在骨骼裡就會造成放射性高。不過，近幾年，人們發現，微量的核輻射對人體也是有益的！

浙江一帶有個氡溫泉，氡是由鐳衰變產生的一種天然放射性氣體。按理說，這樣的溫泉肯定有輻射，是不能接近

的。但實際上，人們發現，由於溫泉中氡氣的濃度不高，並不會對人造成危害，相反，若溫泉通風良好，它甚至可以治療皮膚病，還可以幫人減肥！這個消息是不是很不錯呢？人人聽到就感到恐慌的核輻射，正在慢慢地被人們理解，並出現了對人有益的影響。這樣，人們就不會那麼害怕核輻射，而核輻射頭上那個「魔鬼」的帽子說不定有一天可以被摘掉！

當然，我們也不能被射線的功用給迷惑了，它其實也有危害性！研究證明，長期受射線輻射的人，尤其是婦女和兒童，很容易受到侵蝕。此外，射線還是誘發癌症和冠心病的主要原因，因此更應該加強防範和注意。

物理碰碰車
世界上最大的夜明珠

世界上最大的夜明珠重達6噸，直徑1.6公尺，2010年首次在海南文昌市公開與世人見面。這顆夜明珠來自中國大陸內蒙古，以螢石礦物為主，發現時是不規則形狀，工匠用了3年時間把它加工而成現形，在黑暗的環境中能發出晶瑩透亮的光芒，專家估計這顆夜明珠價值22億人民幣。

身在輻射中的悲劇

輻射非常危險，簡直跟魔鬼一樣。但實際上，真正的核輻射並不像人們看到的這樣可怕。核輻射是放射性物質以波或微粒形式發射出的一種能量，可分為天然輻射和人工輻射。

天然輻射主要有宇宙射線、陸地輻射源和體內放射性物質三種。而人工輻射，則包括放射性診斷和放射性治療輻射源，如核磁共振、核武器爆炸落下的灰塵及核反應爐和加速器產生的照射等。現在知道了吧？並非所有的核輻射都那麼可怕！

實際上，核輻射存在於所有物質中，是億萬年來存在的客觀事實。你平常喝的水、吸的空氣其實都是有輻射的，不過，少量輻射不會危及人類健康，只有過量的核輻射才會使人致病、致癌、致死。

例如，核洩漏產生的核輻射，就會引發基因異變，使人出現畸形，如臉部整個被肉瘤遮住的無臉人，或只有半個腦

袋的半頭人等。

所以，客觀來講，核輻射並不是魔鬼，它只是存在於我們生活中的一種正常存在。只不過，由於核事故中核輻射產生的危害太大，所以人們放大了對核輻射的恐懼，把它「妖魔化」了！

我們從小就經常聽到的著名科學家居里夫人就是一直致力於放射性現象的研究，發現了鐳和釙兩種放射性元素，兩次獲得諾貝爾獎。

她是個偉大的女性，在丈夫不幸去世後，她一面獨立撫養孩子，一面繼續放射性現象的研究，甚至不顧放射物質對自身的傷害，一面與病魔搏鬥一面工作。雖然，最終由於過度接觸放射性物質，她去世了，但她對科學的貢獻和不斷攀登的科學精神，值得我們所有人學習！

物理碰碰車
居里夫人的筆記本

日本研究人員透過精密測定發現居里夫人的筆記本上，至今仍零星分佈著放射性物質鐳，並且依然在放射著微量放射線。筆記本中記錄了1919年至1931年的實驗結果。

研究人員透過特種膠片測定封面和扉頁的放射線後，在其中發現了放射性物質鐳，以及該物質生成的氡和釙等物

質。這本筆記本每平方釐米的放射能量，稍低於人類接觸後不會發生危險的極限值。

輻射在身中的喜劇

$輻$射雖然很危險，但是在現在醫學中，輻射已經是一種很好的治療工具了。

定維是位工人，平時身體很結實，在一次體檢中查出他罹患了癌症。命運好像和他開了個玩笑，他是家裡的經濟支柱，他倒下了，全家人該怎麼辦呢。

緊接著，他的病加重了，一直高燒不退，絕望的家人都為他準備後事了。幾天幾夜過去了，他又奇蹟般地活過來了，並且癌腫完全消失了。

這件怪事引起了醫學界的重視，經過研究發現：癌細胞比一般的正常細胞對熱更敏感。高燒殺死了癌細胞，這就是高燒後在癌症病人身上發生的奇蹟。

不過溫度的控制是十分重要的，不然就會損壞正常的細胞。1975年，德國科學家佩蒂克大膽地採用一種全身麻醉加熱的方法。他把麻醉後的病人放到50攝氏度的石蠟液體中，同時讓他吸入高溫氣體，使體內達到41.5~41.8度，據說治癒

了很多腫瘤病人。

經過研究發現，有的癌細胞要更高的溫度才能殺死。例如：用熱殺死腦癌的溫度閾值是43.5℃。但是人體不能長期處在這樣的高溫下，應該有一種局部加熱的辦法才行。科學家想到微波加熱的原理，但是把整個人放在微波下烘烤，是不可能的。

後來想到，把微波輻射器做得很細很小，再送到有腫瘤的部位，這就是先進的微波介入治療法。對於肝癌的病人，醫生先用超音儀器判斷腫瘤的位置，精確地引導探針穿刺到病變的部位，再植入微波輻射器，利用微波產生的熱量消滅腫瘤細胞。

細小的微波輻射器可以從口腔中送到食道裡，這種微波發生器可以把食道中的癌細胞殺死，使堵塞的食道暢通。對於前列腺腫大也可以用類似方法治療。

還可以把極細的微波發生器送到血管裡燒去血管壁的多餘物質，使血管內壁變得光滑和富有彈性，目前在許多醫院裡已經可以進行上述手術了。

物理碰碰車
微波做暖氣

　　現在有人提出用微波代替居室內暖氣加熱的設想。低量的微波對人體無害，只能穿透人體皮膚的淺層，但是能使人感到溫暖。因為傢俱不吸收微波，仍然是冰冷的，可以在傢俱的表面塗上吸收微波的材料，使沙發等的表面溫暖宜人。

6

七十二變的世界──
氣體、液體、固體

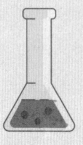

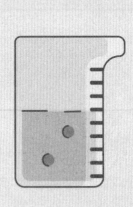

液體的本來面目

我們常常認為液體沒有任何固定的形狀，它可以任由你裝進各種容器中變成各式各樣的形狀。當你把它倒進容器裡，容器是什麼形狀，它就變成什麼形狀。但是當你把它倒在平面上，它只會薄薄的散在平面上。其實並不是液體沒有自己固有的形狀，而是一直作用於液體的重力妨礙液體呈現它本來的面目。

透過阿基米德定律得知，當一個液體被注入另一種比重與其相同的液體時，它會失去重量。「失去」重量，不受地球重力作用的液體，在此時此刻會呈現出它最天然的形狀，也就是球狀。

如果你不相信，我們能夠運用生活中常見的東西來做個試驗驗證一下。首先準備好水、酒精和橄欖油。我們都知道油輕於水，因此當橄欖油倒在水裡時，橄欖油會浮在水面上。然而酒精能使橄欖油沉在酒精裡，這件事情相信很多人都不知道。

為了能夠達到試驗的要求，我們用水和酒精混合製成一種混合液，使橄欖油注入其中時不會沉底，也不會浮起。當你做好這種混合液後，找一個透明的杯子，在杯子裡倒上適量的混合液，然後拿注油器在這種混合液內注入少許的橄欖油，很快你就能看到一種奇怪的現象，也就像前文我們提到的一樣：在混合液中，橄欖油聚成了一個很大的圓形油滴，一動也不動地懸在那裡，既不會上浮，也不會下沉。

　　在做這個實驗時，你一定要耐心仔細，否則你將看不到這樣的奇景，只是看到幾個較小的球狀油滴懸在杯中，雖然這樣也驗證了阿基米德定律上所說的，卻不利於實驗的進一步進行。

　　當你看到懸空的巨大圓形油滴時，你可以找了一根長木條或者金屬絲，讓它穿過橄欖油圓球並加以轉動，很快你會發現圓球會隨著長木條或者金屬絲的轉動而轉動。球體也會在旋轉的影響下變成扁圓形，然後漸漸變成一個圓環。

　　如果你希望能夠更直接地看到這種變化，可以在長木條或者金屬絲上裝上一個用油浸過的被剪成圓形硬紙片，當然紙片不要過大。

　　隨著旋轉繼續，圓環會漸漸分散成幾個部分，這些新生成的不規則的碎塊會隨著時間的推移變成新的球狀油滴，新的球狀油滴會圍繞著中間的球體繼續旋轉。

物理碰碰車
戰國時期的神祕液體

　　2007年，陝西省白水縣發掘了一個戰國時期的古墓葬，在一個密封的青銅壺內，發現了2公斤的神祕液體，打開壺蓋之後可以聞到酒香。當地專家初步認定這神祕液體很有可能是戰國時期的美酒。壺內液體的色澤紅潤，與現代的葡萄酒色澤十分相似。

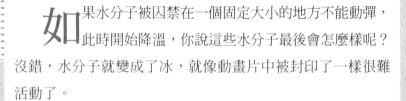

被封印的水滴

如果水分子被囚禁在一個固定大小的地方不能動彈，此時開始降溫，你說這些水分子最後會怎麼樣呢？沒錯，水分子就變成了冰，就像動畫片中被封印了一樣很難活動了。

世界上冰最多的地方莫過於南北兩極，但是隨著地球溫度變暖，兩極的水分子正在逐漸衝破束縛，從封印中衝出來，變成沒有固定形態的水。

2012年8月，根據美國國家冰雪資料中心的報告，北極的冰的覆蓋率已經縮小到了只有410萬平方公里。這是30年來夏季冰覆蓋面積的最低值。這種速度非常驚人，科學家甚至預測，在未來20年內，北極可能會變成一個夏季完全沒有冰的地方。

之所以出現這樣的情況，全球氣候暖化有著不可推卸的責任。幾萬年前，北極圈以內也曾經生活著大量的生物，但寒冷的冰河期到來後，這些死亡的生物逐漸變成了豐富的有

機肥料，靜靜地存儲在北極的凍土層中。

隨著全球氣候越來越暖，凍土層逐漸融化，大量的甲烷和二氧化碳會被釋放進大氣，而這些氣體會進一步引起全球暖化，最後形成一個惡性循環。

科學家預測，如果北方儲存的碳，全部釋放出來，可以讓全球氣溫上升10°C甚至更高。這可能讓全球氣候變暖的趨勢徹底失控，並給人類文明帶來毀滅性的打擊。

另外，風和洋流的影響也不可小視。如果風是從溫暖的低緯度地區吹來，攪亂了多層的北極海水，這可能把底部的暖水帶到海平面上，加劇了碎冰的融化。洋流帶來的影響更加明顯，如果有暖流流過這裡，那麼浮冰周圍的海水就會因為暖流的經過而融化。

如果不考慮環境保護的問題，那麼我們可以從這篇文章中得到什麼物理方面的結論呢？其實很簡單，就是冰想要變回水的話，必須要得到比較高的溫度。只有這樣，水分子才能跑出封印，重新變成自由的液體。

物理碰碰車
液體變固體的質變點——凝固點

　　凝固點是液體物質凝固時的溫度，不同的物質具有不同的凝固點。

　　在一定壓強下，任何物體的凝固點都與它的熔點相同。對同一種晶體來說，凝固點還和壓強有關。凝固時體積膨脹的晶體，凝固點隨壓強的增大而降低；凝固時體積縮小的晶體，凝固點隨壓強的增大而升高。

飛舞的水滴

水滴想要飛上天空去為大家表演舞蹈，但是由於體重問題，很難飛到空中，你有沒有什麼能夠幫助它快速減肥的好辦法呢？

讓水變成氣體就可以了。物質從液態變為氣態的過程叫做汽化；汽化有兩種方式，一種叫「蒸發」，一種叫「沸騰」。

「咕嘟嘟！」水開了，原本平靜的水面霎那間蒸騰翻滾起來，一縷縷白濛濛的水蒸汽嫋嫋飛升……很奇妙，是不是？

冷天，水會變成堅硬的冰，而一遇到烈火，它又會變成嫋嫋的蒸汽，似乎水分子具有自由變身的能力，想怎麼變就怎麼變！

當烈火把水燒開的時候，我們常常可以在水壺上面看到白色的水氣，其實那是水蒸氣遇冷之後凝結成的小水滴，而水蒸氣我們是看不到的。而另外一種把水變成氣態的過程無時無刻不在進行著，那就是蒸發。

太陽炙烤著地球上的水面，包括海水、河水甚至是冰山，這些東西中的水分子都會被蒸發到空中變成水蒸氣。這些水蒸氣可以隨風飄散，遇到冷空氣之後會變成小水珠，當空氣托不住這些小水珠的時候它們就會變成雨滴落下來。

不過，我們還是沒有找到快速給液態水減肥的辦法。我們可以以沸騰為例找到最快的減肥方式。當水分子被囚禁在冰塊裡面的時候，水分子之間的距離很小，也很難移動。

接下來，張牙舞爪的火焰出場了，它熱烈地烘烤著冰塊，很快就融化了，原本結合在一起的水分子開始分離，然後四散而逃。這時，冰變成了水。水繼續受熱，水分子的活動也越發活躍，最終它變成了蒸汽分散到空中，果然「減肥」在於運動，不過水分子的減肥運動是在火的監督下完成的！

物理碰碰車
蒸發致冷

利用蒸發吸熱可以使周圍變冷，從而達到致冷的目的。夏天往院子裡灑水可以使周圍充滿涼意；從游泳池出來感覺很冷；用酒精擦拭身體也是因為究竟汽化的時候會帶走一部分熱量。

測量氣溫和氣壓，
一件搞定

我們都見過溫度計和氣壓計，雖然它們分別用來測量溫度和氣壓，但二者都是透過裡面水柱的升降來觀察結果，那它們的原理有沒有相同之處呢？可不可以合二為一呢？

古希臘的希羅就發明了一種既可以測溫度，又可以測氣壓的測溫器。當空氣溫度高的時候，靠陽光把溫度計內的球體曬熱後，球體上部的空氣膨脹施壓給裡面的液體，液體被壓到球外，從曲管的末端滴入漏斗，再從漏斗流進下面的水槽中。

溫度降低時，球中的壓力變小，水槽中的水在空氣壓力下爬上連結水槽和球體的另一根直管，繼而排到球中。

那麼如何用它來測氣壓呢？測氣壓的原理與測氣溫基本相同，像是測溫度的逆過程。當外界氣壓升高時，水槽中的

水隨著直管被壓進球中；當外界氣壓降低時，球中原氣壓的空氣會膨脹，將水沿曲管壓進漏斗。

用這個測溫器測出的資料顯示，溫度上升或下降1°C，同氣壓計水銀柱升降為760/273，發生變化的空氣體積等同於氣壓計上水銀柱變動約2.5毫米。在氣壓升降幅度可高達20毫米以上的俄羅斯，如果用希羅測溫器來測氣壓，還有可能會誤以為是溫度升高了8°C。

不光古代，現在的市場上依然有一種水力氣壓計，同樣可以當作溫度計使用，如果用這種氣壓計來測浴盆中的水，不僅可以知道會不會有大雷雨，還能夠順便知道水溫是否適宜。

物理碰碰車
造雪的沙皇

18世紀的時候，俄國的沙皇彼得大帝修建了聖彼德堡，並把它定為俄國的首都。有一次聖彼德堡正在舉行一場盛大的宴會，裡面點著上千支蠟燭。

由於屋裡的空氣渾濁，有人暈倒了。大家打開窗戶透氣的時候竟然發現屋裡紛紛揚揚地飄起了雪花。

這是因為舞廳裡的溫度很高，空氣中充滿了人和食物所散發出來的水蒸氣。而聖彼德堡地處寒帶，室外十分寒冷，

當人們打開窗戶後室內空氣突然遇冷，而蠟燭燃燒後形成的灰塵正好就是水蒸氣凝結時所需要的凝結核，於是水蒸氣就凝結成了雪花。於是沙皇就在無意中成了一位「造雪的工匠」。

潛伏在體溫計中的祕密

<big>發</big>燒的時候，媽媽是不是經常用體溫計給你測量體溫呢？那麼你知道體溫計是根據什麼發明的嗎？伽利略曾在威尼斯的一所大學任教。一天，他在上實驗課時，邊操作邊問學生：「當水的溫度升高，特別在沸騰的時候，水為什麼會在罐內上升？」

「因為水沸騰時，體積增大，水就膨脹上升。」「水冷卻時，體積縮小，所以就降下來。」學生的回答打開了伽利略智慧的閘門。這讓他想起了曾經有一位醫生的懇求：「伽利略先生，病人的體溫往往會升高，能不能想個辦法，準確測出體溫，幫助診斷病情呢？」

是啊，400年前是沒有體溫計的，醫生只能根據經驗給病人診斷病情。想到這兒，伽利略更受鼓舞，他決心要研製測量體溫的溫度計，為病人減輕痛苦。下課後，他急匆匆地回到實驗室，根據熱脹冷縮的原理，用手握住試管的底部，讓管內的空氣逐漸溫熱，然後倒過來插入水中，再鬆開手，

這時，水被吸入試管內並慢慢上升。當他重新握住試管時，水又被壓下去了。

「水的上升下降，能看出溫度的變化，太妙了！太妙了！」伽利略喜出望外。經過多次試驗，他將一根很細的試管灌上水，再排出管內的空氣，然後把試管密封住，並在上面刻上刻度。當他把這怪模怪樣的東西交給醫生，讓病人握住它時，果然，水上升的刻度反映出了病人的體溫。世界上第一支體溫計就這樣誕生了。

不過，首先製成液體溫度計的是法國人雷諾，他於1632年製成了第一支液體溫度計。

物理碰碰車
體溫計的正確使用方法

體溫計一般在腋下、口腔、直腸等處使用，在實際應用中，人們普遍感覺不方便或不舒服。

耳溫槍是透過測量耳朵鼓膜的輻射亮度，非接觸地實現對人體溫度的測量。只需將探頭對準內耳道，按下測量鈕，僅需幾秒鐘就可得到測量數據，非常適合急重病患者、老人、嬰幼兒等病人使用。

煤灰拯救科考船

到了夏天我們總喜歡穿淺顏色的衣服，認為這樣會更涼爽，這到底有沒有什麼科學依據呢？一個小實驗就能夠回答這個問題。

在寒冷的冬季，找一片能被陽光曬到的土地，然後在雪地上鋪上兩塊大小相同的布，一塊是白色的，一塊是黑色的。等過了一兩個小時之後你再來看看布的變化，你會發現黑色的那塊布已經陷在了雪裡，它下面的雪也融化了不少，而白色布下面的雪幾乎沒有發生任何的變化。

這個實驗不過是班傑明‧富蘭克林做的實驗的簡化版。當年富蘭克林找到各色顏色的布塊，把它們鋪在雪地上，然後觀察布下面雪化的程度。

之後他得出了這樣的結論：顏色越深的布，吸收的熱量越多，而顏色淺的布塊能夠散射大部分陽光，吸收的熱量會很少。

他把這一理論推廣到日常生活中，並在書中寫到：

「在烈日炎炎的夏日，淺色衣服，比如白衣服，要比深色衣服更合適，因為深色衣服會吸收更多熱量，這樣一來本來就覺得悶熱的人，一旦進行一些會使自身發熱的動作就變得無法忍耐。而穿戴白色的衣服，不僅有利於防暑降溫，還能夠有效地預防人被曬暈。

也許，在冬天，房屋應該考慮將牆壁塗成黑色，這樣一來就能夠使屋子保持一定的溫度，有效地防止凍傷。只要你有雙善於觀察的眼睛，你就能夠透過留心觀察再找到些類似大大小小的發現。一切智慧都在於觀察發現。」

他提出來的這些理論，在日常生活中給人們帶來極大的方便，甚至在一些特殊領域也發揮了出人意料的好效果。

1903年，赴南極科考的德國考察隊乘坐的「高斯」號被凍在了冰層中，隊員們為了脫困，運用了爆炸物和鋸子，卻只除開了幾百立方公尺的冰，未能使輪船脫離險境。最後，有一位科考隊員想出了一個辦法：求助陽光。

在冰面上用煤渣和灰燼鋪了一條長2公里，寬約10公尺的黑色大道，從輪船邊一直鋪到距離冰最近的裂縫處。這個方法拯救了一船的考察隊員，陽光無聲無息地融化了冰。

物理碰碰車
色彩的吸熱能力排行

　　最吸熱的顏色非黑色莫屬,接下來是茶色等濃重的顏色,然後依次是紅色、黃色和白色。雖然材質和色彩明度也會有影響,但是反光吸熱的比率有所不同,不過大體而言類似這種排列。其中白色是吸熱率最低的顏色。

　　藏青色是一種比較特殊的顏色,它的明度比較低,而且是比較濃重,但吸熱率卻比較低,這可能與其燃料中含有一定比例的青色有關。

盲人也能分辨顏色

這天，太陽暖洋洋的，有位盲人家裡醃菜的甕破了，他決定吃過早飯之後就上街去買個新的。走在大街上，他就聽到有人在西邊的牆腳下喊：

「賣甕！有黑的，有白的，品質第一，做工漂亮，價錢適宜，童叟無欺！」一面喊還一面用小棍敲著擺滿一地的甕，發出清脆的聲音。

「你這兩種甕大小一樣嗎？什麼價錢？」盲人走過去問。

「大小形狀都一樣。不過，白甕要比黑甕貴，黑的十塊錢一個，白的十八塊錢一個。」

「這我知道，白甕燒製的時候，火要更旺，它的質地比黑的更堅硬。」盲人說。

「先生是個行家啊！你要哪一個？」

「要白的，你給我挑‧個吧！」

賣甕的人拿了一個白甕，剛要給他，忽然靈機一動，心想，我倒要見識這位盲人的真本事。於是隨手換了一個黑甕

遞過去，還用小棍敲了敲，聲音同樣清脆，說明是好的，也沒有裂紋。

　　盲人憑耳朵聽出這是個好甕，接過來裡裡外外摸了一遍，然後他又摸了摸地上的幾個。這一摸，盲人生氣了：「這是個黑甕！你竟然是個騙子。」

　　「先生請不要生氣，」賣甕的一看事不好，趕忙解釋，「我不是存心騙您，真的不是，而是想見識一下您的本事。果然身手不凡，非常佩服。我向你道歉了，這甕送給你，不要你的錢。」

　　「誰要你送，錢一分不少你的。」

　　「敢問先生以前燒過陶器？你又看不見，卻如何分辨黑白呢？」

　　「有神仙幫助！」盲人還在生氣呢！

　　賣甕的一再道歉，盲人相信了他的確不是有意欺騙，就告訴賣甕的：「我是靠手的感覺判斷的。你的這些甕讓太陽一曬，都變暖和了。可是，黑色吸熱多，白色吸熱少，所以黑甕就比白甕更暖和些。盲人眼看不見，就只有靠耳朵聽，靠手摸，久而久之，耳朵和手比你們的靈。我摸了幾個甕，就很容易分辨哪個是黑的，哪個是白的。其實，我不用手摸，只靠耳朵聽也能分辨出這兩種甕。」他邊說邊用小棍敲甕，「你聽，雖說兩種甕的聲音都清脆，因為白甕質地更堅

硬，聲音就更高些、更脆些、更實些。當然啦，用手摸不是
更簡單嗎？」盲人是靠熱輻射的規律而分辨黑白的。最後盲
人付了錢，抱了一個白甕滿意地回家了。

物理碰碰車
量子論的基礎──熱輻射理論

　　1911年諾貝爾物理學獎授予德國烏爾茲堡大學的威恩，
以表彰他發現了熱輻射定律。熱輻射是19世紀發展起來的一
門新學科，它的研究得到了熱力學和光譜學的支持，同時用
到了電磁學和光學的新技術，因此發展很快。到19世紀末，
這個領域已經達到如此頂峰，最終量子論也是從這個理論中
抽象出來的。

煤炭轉行去製冷

煤炭一向是為我們提供溫暖的，有一天，它心血來潮忽然想要走另一種路線，它想去製冷，那麼它能成功嗎？

煤炭當然可以製冷，不過得換個樣子之後才可以。在工廠裡，工人們把煤放進鍋爐裡，煤燃燒生成很多煙，這些煙的主要成分是二氧化碳，而二氧化碳就是製冷的原材料。

乾冰就是固態的二氧化碳，是在低壓下的液態二氧化碳迅速冷卻而成的。乾冰雖然叫冰，其實並不像冰。它有三個特點最不同於冰：第一是外形，乾冰的外形更像壓縮的雪；第二是密度，它比普通的冰重，在水中不是漂浮而是下沉；第三是觸覺，雖然乾冰有$-78^{0}C$的低溫，但小心地拿在手裡並不會覺得冰涼，這是因為乾冰一接觸皮膚就會昇華為二氧化碳，相反會對皮膚有保護作用，只有握緊它時，人的手指才可能會凍傷。

乾冰的作用主要是依靠它的物理特性：乾、冷和不可

燃。乾冰總是乾的，這是因為固態二氧化碳受熱後會直接昇華為氣體，在正常大氣壓下液態二氧化碳是不存在的，因此二氧化碳可以乾燥食物，它不會潤濕周圍的任何物體。除此以外，乾冰的最大特性是溫度低，可以用來冷藏食物，加上乾的特點，用乾冰冷藏可以防止食物發潮和變質，二氧化碳還可以抑制細菌生成。最後，二氧化碳的不可燃可以用作滅火劑，它甚至可以熄滅燃燒著的汽油。

物理碰碰車
如何把二氧化碳變成乾冰

　　將煤燃燒形成的煙做淨化處理，再加上鹼性溶液後，就提取出了二氧化碳。然後加熱，二氧化碳會從溶液中析出，最後經過70個大氣壓的高壓冷卻、壓縮、液化後，裝入厚壁筒就可以送往汽水廠了。液態二氧化碳的溫度很低，還可用於凍結土壤和修築地鐵。

7

把世界放進嘴巴裡暖一暖
——熱能與溫度的關係

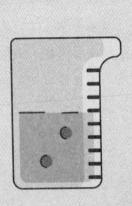

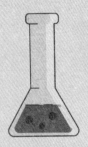

暴走的分子們

物體形態的變化與分子的運動有著不可分割的關係，溫度越高，分子的運動也激烈，那麼分子運動的時候是不是像閱兵一樣整齊劃一呢？著名的生物學家布朗揭開了這個物理學中的問題。

1872年深秋的一個晚上，英國著名的生物學家布朗在自己的花園裡散步。當他走在花園的水池邊，發現水面上浮著許多花粉，這一幕深深地吸引住了布朗，他趕忙從房中取出顯微鏡仔細地觀察。

這時，他發現一種奇怪的現象：這些細小的花粉在水面上無規則地運動著。「花粉的運動，可能是因為花粉具有生命力的緣故吧！」這個現象引起了布朗的極大興趣。他把目光集中在一個細小的花粉顆粒上，發現這些小顆粒的運動是無規則地跳躍著，而且是非常短暫的。

布朗回到實驗室，坐在椅子上想了很久：「是不是沒有生命的花粉就不會運動了呢？」

他把花粉放在酒精裡浸泡，過了一段時間，酒精揮發了，花粉也乾燥了，他認為花粉已經失去生命力，才開始做實驗。結果他在顯微鏡下發現，花粉仍在雜亂無章地不停運動著。「原來，花粉無規則地運動，不是生命力的原因引起的。」

這個結果是布朗意想不到的。於是他又做了一個實驗：他把玻璃磨成粉末，然後撒在水面上，實驗證明，這些不具有生命力的玻璃粉末，仍然在做無規則的運動。這種奇怪的現象使布朗非常困惑，便將這個令他費解的問題公佈於世。

遺憾的是，直到他去世，這個問題也沒有得到解決。過了很多年以後，物理學家才把這個問題搞清楚：任何物體都是由分子組成的，分子在不停地作無規則的運動。為了紀念布朗，把這種現象命名為「布朗運動」。

物理碰碰車
解決物理問題的生物學家

布朗1915年出生在巴西。在英國接受教育，畢業於牛津大學。先後任伯明罕大學教授、倫敦國立醫學研究所所長等職務。1827年，他發現水中的花粉及其他懸浮的微小顆粒不停地作不規則的折線運動。不過，長期以來人們都不知道其中的原理。50年後，德耳索提出這些微小顆粒是受到周圍分子的不平衡的碰撞而導致運動的。

會伸縮的鐵軌

什麼季節的鐵路最長？這個問題很多人都能回答出來，因為熱脹冷，夏天的鐵軌更長一些。當然，如果不考慮鋼軌和鋼軌之間的縫隙長度，單單計算鋼軌的長度，這個答案是正確的。

在這個前提下，俄羅斯的地質學家測量了夏天和冬天的十月鐵路鐵軌長度，結果發現從莫斯科到聖彼德堡之間的這段鐵路所有的鐵軌都會膨脹，膨脹後的長度要比冬季長300公尺左右。

由於金屬的延展性，鋼軌會隨著溫度的上升而延長。透過測量，當溫度上升$1^{\circ}C$時，鐵軌會增加自身長度的1/100000。這樣一來，無論是在溫度高達$30^{\circ}C$甚至$40^{\circ}C$的夏季，還是在溫度低至$-25^{\circ}C$左右的嚴冬，鐵軌的長度都在發生改變。而變化值的範圍可以透過計算冬、夏兩個季節的溫差得出。

不過需要提醒的是，長度的變化針對的是鐵軌的長度，而不是兩個地點之間的路程。我們都知道鋪就鐵路的兩根鐵

軌不是緊密連接在一起的，而是要在鋼軌的結合處留有空隙。設計師們之所以這樣做，是因為他們考慮到了鐵軌受熱變長、受冷收縮的情況而預先留出來的。

物理碰碰車
罐頭為什麼很難打開

　　買來的罐頭常常很難打開，這種現象是由於熱脹冷縮造成的，並不是因為你的力氣太小。工廠生產罐頭的時候放進去的原材料都是熱的，氣體膨脹，冷卻後罐頭瓶裡面的氣體體積減小，此時罐頭瓶內外的大氣壓就不再相等，而是外面大氣壓大於內部，所以很難打開，因為你是在和大氣壓鬥爭，其實要想打開也很容易，只要把罐頭稍微加熱一下就可以了。

艾菲爾鐵塔有多高？

在瞭解了金屬會熱脹冷縮的原理後，如果有人向你詢問艾菲爾鐵塔有多高，你在回答前一定要追問一下他問的是夏天的高度，還是冬天的高度。

艾菲爾鐵塔是一座鋼筋結構的塔，所以它必然也會發生熱脹冷縮現象。這個龐然大物不可能在任何時候都維持著同樣的高度，所以說鐵塔的高度應該是有變化的。我們常說艾菲爾鐵塔高300公尺，這個數值是在常溫下測量的結果。

我們已經得知溫度每上升1°C，鋼鐵會增加自身長度的1/100000，也就是說長300公尺的鋼筋會增長3毫米（300000×1/100000＝3毫米）。換言之，艾菲爾鐵塔周圍的環境溫度每上升1°C，它就會長高3毫米。

巴黎的夏天受到太陽照射時溫度大概能夠達到40°C，陰雨大氣它的溫度可能會下降到10°C，等到了冬天氣溫大概能跌倒0°C。巴黎鐵塔對於溫度波動的敏感程度，甚至比空氣更敏感，所以它的高度幾乎每時每刻都有微弱的變化。但總

而言之它高度伸縮的幅度不會超過120毫米，也就是12釐米左右，當時巴黎的最大溫差是40^0C，$3 \times 40 = 120$毫米。正因為如此，艾菲爾鐵塔高度的測量是個很大的難題，在測量時我們要借助一種由特種鎳鋼製成的鋼絲。這種優質合金幾乎不會隨著溫度的波動而發生長度變化，因此這種合金又被稱作「因瓦合金」，「因瓦」在拉丁文中是不變的意思。

當你在參觀艾菲爾鐵塔時，不妨挑一個天氣晴朗的好天氣，最好是在炎炎夏日，因為這樣你可以花一樣的價錢爬更高的高度。

 物理碰碰車
觀察熱脹冷縮現象

準備兩個塑膠瓶子、兩個氣球和兩個裝水的器皿。其中一個器皿中裝的是熱水、另一個器皿中裝的是冷水。

1、將兩個氣球分別套在兩個塑膠瓶子中。

2、然後把兩個瓶子分別放在熱水器皿和冷水器皿中。

3、觀察氣球的體積變化。

不守規矩的水和銻

「我就不遵守規則，我要特立獨行！」有些人喜歡與眾不同，有些分子也是！自然界中，多數分子都老實遵守熱脹冷縮規律，但也有一些偏偏不聽話！

水是其中之一。不過水的叛逆並不徹底，因為多數情況下，水都遵守熱脹冷縮規律，但在溫度從$0°C$升高到$4°C$的過程中，水卻是「熱縮冷脹」的。這是怎麼回事？難道，水分子忽然被定身了？當然不是。這是因為，在溫度從$0°C$升高到$4°C$的過程中，水分子的密度竟然在增大，也就是聚集在一起的水分子多了，這個趨勢打敗了那些原本因為受熱而跑開的水分子，於是，整體來看，水分子呈現出聚集在一起的狀態，也就是冷縮了！

當然，水並不是最特別的，另外一個物質——銻就更奇怪了。銻是一種銀白色的金屬，有四個「孩子」：老大「灰銻」，老二「黃銻」，老三「黑銻」，老四「爆炸銻」。這四個兄弟各有所愛，喜怒無常。黃銻喜歡低溫，如果溫度超

過80℃，它就活不下去了，馬上變成黑銻；而黑銻，只要一加熱，就會變成灰銻；而爆炸銻，簡直是個小瘋子，只要拿一個硬東西碰一下它，它馬上「火冒三丈」，放出大量的熱，然後變成灰銻。

當然，除了奇怪的孩子，銻本身也很反常，它不但不符合熱脹冷縮規律，甚至與之相反：液態銻在冷卻凝固時，不但不縮小，體積反而越來越大，也就是熱縮冷脹。不過這樣才能顯出物理的魅力——神奇又莫測。你說是不是？

物理碰碰車
觀察水的熱縮冷脹

你需要準備如下的實驗器材：一個500毫升的大燒杯、一支溫度計、1毫升的紅墨水、300毫升的4℃的清潔的水、一個100克的鐵塊、少許細鐵絲、一塊50克的冰。做法1將水和紅墨水混合，倒進燒杯裡；做法2將冰和鐵用鐵絲捆紮在一起，用鐵絲提著，順著燒杯的壁下滑到底部。

過一會兒，你就可以看到一股清流沿著燒杯壁向上飄動，這是因為冰塊使水和紅墨水的混合物降溫，水的體積發生膨脹，所以會向上飄動。

買杯子也要講科學

不知你有沒有遇到過這種情況：向玻璃杯倒滾燙的熱水時，玻璃杯會突然炸裂。這樣的意外事故總是讓我們措手不及，很有可能因此而被爆炸的玻璃劃傷。那麼究竟是什麼原因導致玻璃杯炸裂呢？

原來，玻璃杯在接觸到熱水時，並不是整個杯壁一下子都接觸到熱水，而是由內及外依次變熱。當滾燙的熱水倒入玻璃杯中時，玻璃杯的內壁因為受熱膨脹，而外壁還沒有感受到水的溫度，因而沒有及時產生膨脹現象，於是承擔了來自內壁的巨大壓力。當這個壓力達到一定程度時，玻璃杯就發生了炸裂現象。所以總的來說，玻璃杯發生炸裂現象是由於玻璃的不均勻膨脹導致的。

為了避免這種情況，我們在選購玻璃杯時，最好選擇那些杯壁和杯底都很薄的杯子。因為厚玻璃杯要比薄玻璃杯更容易炸。原因很簡單，薄壁的杯子受熱比較快，玻璃內壁和外壁很容易達到溫度平衡，同時膨脹，不會因為受熱不均膨

脹不均而發生炸裂。反之,厚的玻璃杯,熱的傳遞的時間比較長,很容易因為受熱不均而發生炸裂。

另外,在選擇薄玻璃器皿時,一定要記得杯底也應該薄。只要你觀察過炸裂的杯子總結一下就會發現,容易炸裂的不僅有杯壁厚的玻璃杯,還有那種帶著一圈較厚底腳的玻璃杯。

如果你不想更換已經購買的漂亮玻璃杯,下面的這個妙招能使杯子的使用壽命變長些。倒熱水前在杯子裡放上一把金屬質地的茶匙,最好是銀製的茶匙。金屬茶匙能夠有效地傳導熱,緩解受熱不均的現象。

在杯子裡放上茶匙之後,滾燙的熱水在把玻璃加熱之前,會先傳導一部分熱量給金屬茶匙,從而接觸到不良導體玻璃的水的溫度就變低了,熱水變成溫水也就不會損壞杯子了。這時候繼續倒熱水也不會有危險,因為杯子已經變熱了。那為什麼要選用銀質的茶匙呢?因為在所有的金屬中,銀質物品的導熱性更好,吸收熱量的速度也更快。如果你無法判斷茶匙的質地,就把銀質的茶匙和其他質地的茶匙放在茶杯裡,其他金屬製成的湯匙是不會燙手的。

需要注意的是,玻璃杯的炸裂的情況不僅發生在倒入熱水時,當原本溫度很高的杯子快速降溫時,玻璃杯也會發生炸裂。產生這種現象的原因不再是因為玻璃受熱膨脹不均,

而是因為玻璃遇冷收縮不均。

　　當外界環境的氣溫降低時，玻璃杯壁的外層因為快速冷卻而發生收縮，同時施加給還沒有冷卻收縮的內壁巨大的壓力，導致杯子破裂。所以，炎炎夏日，我們最好不要為了喝冰鎮的果汁，而把剛沖好的熱果汁直接放到冰箱裡或者冷水裡。

物理碰碰車
什麼材質的實驗器皿最結實

　　由於玻璃器皿存在著受熱或者遇冷不均的問題，所以實驗器皿常常是用很薄的玻璃製成的，這樣熱量可以很快傳導到整個試管，即使直接放在酒精燈上加熱也不用擔心其破裂。如果資金充足，最理想的實驗器皿應該是石英材料。

　　石英是一種很少遇熱發生膨脹的材質，它的膨脹係數大概也就是玻璃的十五分之一到二十分之一，所以石英製成的厚器皿，無論你如何加熱都不會破裂。甚至你將燒得已經微微發紅的石英器皿直接丟入冰水裡也不用擔心，因為石英還具備良好的導熱性。

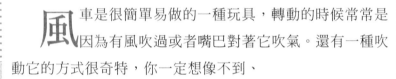

「吹」風車的手掌

風車是很簡單易做的一種玩具,轉動的時候常常是因為有風吹過或者嘴巴對著它吹氣。還有一種吹動它的方式很奇特,你一定想像不到、

首先我們要做一個風車。讓我們找到一張薄薄的捲煙紙,然後把它剪成一個長方形。沿著橫豎兩條中線各對折一下再展開,然後在兩條線交叉的點扎上一根針,讓紙片的重心恰好由針尖支撐。

當紙片處於平衡的位置時,只要一點點氣流的變化,它就會開始轉動。神奇的是即便你不用嘴吹它,只要小心地將手靠近做好的紙風車,你就會看到它開始旋轉,速度會越來越快。只要你一把手拿開,紙片就立刻停止轉動。

這種神奇的現象曾經引發人們的熱議,這個現象讓神祕主義的信徒找到理由,讓人們相信自身具有某種超自然的力量。可是其實事情再簡單不過,人的體溫高於周圍的空氣,當人的手靠近風車時,被人的體溫加熱的空氣向上升起,推

動紙片隨著氣流轉動。留心觀察的人能夠發現風車在轉動的時候恰好沿著手腕到手心再到手指的方向。因為手指末端的溫度要低於手心，所以手心附近形成的上升氣流較強，也對紙片產生了較大的衝擊。

物理碰碰車
為什麼夏天車胎不能氣太足？

夏天的時候特別容易爆胎，如果你的車胎氣很足的話，那簡直是必爆無疑。不過，你想過這其中的原因嗎？

那是因為車胎的氣體受熱之後，分子運動會越發激烈，容易膨脹。如果氣很足的話，膨脹的氣體分子被束縛在小小的空間裡橫衝直撞，它們很快就覺得這裡太擁擠，不適合自己生活，於是就衝破了車胎的阻礙，跑到空氣中去大展拳腳了，不過我們的車胎也已經被脹破了。

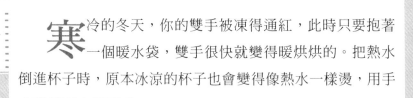

太陽殺死了北極熊

寒冷的冬天，你的雙手被凍得通紅，此時只要抱著一個暖水袋，雙手很快就變得暖烘烘的。把熱水倒進杯子時，原本冰涼的杯子也會變得像熱水一樣燙，用手去碰甚至會燙到手。

這都是很常見的生活現象，但你想過嗎？為什麼接觸了熱水袋和熱水的雙手和杯子，會變得像它們一樣熱呢？難道熱會跑？你說對了！現在，我們就來研究一下會「跑」的熱──熱傳遞！

新聞上常常會呼籲大家愛護環境，否則北極熊就可能要被太陽殺死了！可是太陽怎麼能殺死北極熊呢？事情的經過是這樣的：一隻在水中游了很久的北極熊好不容易找到了一個浮冰落腳，但熱量很快使冰塊融化了，落進水中的北極熊沒了繼續游動的力氣，最終溺死了！

好離奇的事件，北極熊也會溺死！不過，這隻北極熊究竟是怎麼死的呢？牠的死真的和太陽有關係嗎？

　　當然有關係，因為太陽把冰塊融化是很正常的事情，就像熱水袋會暖熱手，倒進熱水後杯子會變熱一樣正常。這就是熱傳遞。熱傳遞就是熱量從溫度高的物體傳到溫度低的物體，或從物體的高溫部分傳到低溫部分的過程。自然界中，熱傳遞現象非常普遍，只要物體之間或同一物體的不同部分之間溫度不一樣，就會發生熱傳遞，並將一直繼續到溫度相同為止。發生熱傳遞的唯一條件就是存在溫度差，與物體的狀態，物體間是否接觸都沒有關係。

　　不過，把北極熊的死全部歸罪於太陽也是不公平的。因為太陽的熱量原本是不足以讓這麼多的北極熊失去家園的，是因為人類向空中排放了太多的溫室氣體讓太陽的熱量無法被反射回高空中造成的。

　　這些溫室氣體就像帽子一樣蓋在北極上空，而且太陽還源源不斷地輸送著熱量，所以北極的冰山融化速度就變得很快，北極熊也面臨著失去家園和死亡的危機。看到這裡，你覺得殺死北極熊的兇手是誰呢？

物理碰碰車
電腦中的熱傳遞

在電腦中，CPU是整台電腦的「司令部」，它工作的時候會產生大量的熱。為了更有效地散熱，電腦中安裝了很多散熱片，這些散熱片可以增加散熱的有效面積，利用熱傳導方式快速散熱；與此同時，散熱片上還安裝了風扇，這個風扇高速運轉的時候可以增加空氣的對流，促使主機殼把熱量傳出去，確保電腦正常工作。

大皮襖帶不來溫暖

到冬天我們就會裡三層外三層地穿衣服，想要讓自己變得更暖和一些。然而其實真正禦寒的並不是厚厚的皮襖。如果你不相信，你可以找來一個溫度計，記下它的讀數，然後把它放進皮襖裡，過幾分鐘取出來再觀察它的指數。這時候你會驚訝地發現指數一點都沒有改變。

所以，皮襖並不會給人帶來溫暖並不是一句玩笑話，在事實面前不容許人表示懷疑。可是穿著大皮襖明明更暖和，這是怎麼回事呢？你可以找來兩個裝有冰的小瓶子，把其中的一個先裹在皮襖裡，再把裹著小瓶的皮襖放在室內，另一個小瓶子直接放在室內。等到裸露在空氣中的瓶子裡的冰融化再打開皮襖，觀察其中冰的變化。你會發現冰幾乎沒化，還保持著原來的大小。這足以證明皮襖不會給冰帶來溫暖，反而能夠延遲冰的融化。

這些結論都有事實做依據，很難被推翻。如果「給人溫暖」指的是提供熱量，那麼皮襖確實無法給人體提供溫暖。

燈、爐子、暖氣之所以能給人帶來溫暖是因為它本身就是熱源。皮襖不可能提供熱量，但是它能夠防止熱量流失。人體本身就是一個恆溫的熱源，我們之所以會覺得穿皮襖比不穿皮襖要暖和得多，因為皮襖阻止了我們身體熱量的散失。用來做實驗的溫度計，自身不能產生熱量，所以它的指數也不會隨著裹進皮襖而改變。反倒是冰塊，由於皮襖將它和外界的空氣隔絕，阻擋了冰塊對室內熱量的吸收，因此在很長的時間內不會融化。由上面的敘述我們可以知道，身著皮襖時，是我們給了皮襖熱量，而不是皮襖帶給人溫暖，皮襖只起到一個保暖的作用。

物理碰碰車
瑞雪兆豐年的物理原理

嚴冬時節覆蓋在地面上厚雪也能起到和皮襖一樣的作用，它覆蓋在土壤表層，阻止熱量從土壤中流失，所以插在被雪覆蓋的土壤裡的溫度計，要比插在沒被雪覆蓋的地面上的溫度高。這樣厚的雪如果蓋在過冬的農作物上面，還可以為植物保暖，使農作物的長勢更好。所以諺語「瑞雪兆豐年」也是有科學道理的。

冰箱能讓屋子降溫嗎

冰箱能當空調用嗎？某天，當家裡的空調和電扇都壞掉，而天又熱得讓人受不了時，你是否這樣想過？把冰箱當空調用，想法不錯，可惜不科學。

要知道，冰箱是讓熱量逆轉的裝置，類似於用抽水泵把地下的水吸到地面上來。具體來說就是，冰箱利用電能，讓溫度從低處向高處轉移。為讓冰箱內部的溫度一直維持較低狀態，熱量會被不斷地排到冰箱外面去。

這樣一來，想把冰箱當空調，其實恰恰事與願違！按你的想法，打開冰箱門後，冰箱裡的冷氣會冒出來，讓房間裡的空氣變涼。但不要忘了，冰箱之所以溫度低是因為電機把熱量排出去了，如果你打開冰箱門，外面的熱量進入冰箱，冰箱內的溫度就會升高。此時，為維持之前的低溫狀態，電機會做更多的功，排出更多熱量。而這些熱量，毫無疑問，進入了房間的空氣中。這樣一來，屋子裡只會越來越熱！

當然，如果你能在冰箱後面的牆上打一個洞，使電機直

接把熱量排到屋外，屋內的溫度就會降低！不過，你能在牆上打出一個跟冰箱一樣大的洞嗎？要是不能，還是不要胡思亂想了！

物理碰碰車
150℃的氣體不傷手

如果將手放入100℃滾燙的熱水中，即使只有三秒鐘的時間，也會被嚴重燙傷。如果將手放入150℃的空氣中，停留五秒左右，這只手會怎樣呢？是會被徹底燒爛？還是會讓人感到溫溫的，而不至於被燙傷？答案是後者。

當手放入100℃滾燙的熱水中，手周圍的氣體膜瞬間被熱水所溶解，因此會被嚴重燙傷。但是，當我們把手放入150℃的空氣中時，由於在這之前手曾和外面的冷空氣接觸過，手的表面形成了一層類似保護膜的薄膜，不會立即感到150℃的熱氣，所以只會產生暖暖的感覺——乾燥器和烤箱就是根據這個原理，使我們伸手取食物時不會被燙傷。

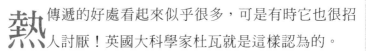

我不要變熱──
保溫瓶的故事

熱傳遞的好處看起來似乎很多，可是有時它也很招人討厭！英國大科學家杜瓦就是這樣認為的。

19世紀末的一天，杜瓦完成了一個實驗：在超低溫度下，把氣體氫壓縮成液態氫。這在當時是很難得的，但有個問題：怎樣保存低溫液態氫？用瓶子保存的話，因為熱傳遞，外界的熱量會很快使瓶子的溫度升高，而一旦溫度升高液態氫又會變成氣態氫。真麻煩！杜瓦對此苦惱不已。

那時，杜瓦已經知道熱傳遞有三種方式：傳導、對流和輻射。傳導，發生在兩個直接接觸的物體間；對流，發生在流體中溫度不同的各部分之間；輻射，則是物體透過電磁波傳遞熱能，它不需要介質，可以在真空中進行。

只要切斷這三種方式，就能阻止熱傳遞。於是，杜瓦做了一個帶蓋子的雙層瓶子，將兩層間的空氣抽掉，形成真

空，又在夾層裡塗了一層銀，把輻射給反射回去。如此，三種熱傳遞方式都切斷了，液態氫完好地保存了下來。

你認識這個瓶子嗎？沒錯，這就是最初的保溫瓶。雖然杜瓦發明保溫瓶是為了科學研究，但也無意中給人類創造了一件生活品，這個發明真的很不錯！

物理碰碰車
「神奇冷凍槍」存在嗎

喜歡電影《蝙蝠俠與羅賓》的觀眾一定記得那把冷凍槍吧？不管是什麼物體，只要被冷凍槍射出的光線擊中，就會立刻變成冰塊，這槍真是太厲害了！

可是現實生活中，有這樣的槍嗎？熱量是永不會消失的，只會向別的地方轉移。如果物體被凍僵了，說明它的熱量減少了，而減少的熱量是要轉移到別的地方去的。但實際上，冷凍槍是無法讓熱量轉移的，因此，冷凍槍只能存在於電影裡，現實中是不可能有的！

開水中游泳的金魚

如果看過《阿凡提》這部動畫片，你一定會折服於阿凡提大叔的智慧，似乎阿凡提的東西都具有神奇的力量，完全不符合日常生活獲得的經驗。下面我們來看一條阿凡提的神奇金魚。「阿凡提，最近聽說你買了幾條漂亮的魚，想必很好吃吧！」貪婪的巴依老爺問道。

「不，老爺，金魚好看不好吃。」阿凡提不卑不亢。

「哼哼，我不信！」巴依老爺霸道慣了，「明天拿你的金魚來，我要親口品品鮮。」不管阿凡提如何解釋，巴依老爺都不聽，一定要把金魚煮來吃。

阿凡提很生氣，在回家的路上邊走邊想，突然一條妙計出現在腦海中，他連夜打製了一個雙層的鍋，內鍋的下邊包上了隔熱的石棉。在火燒外鍋時，外鍋的水燒開了；熱傳到內鍋時，只能傳給內鍋的上沿，只能燒開內鍋最上邊的水。由於水是熱的不良導體，熱水在最上邊，又不能造成對流，所以鍋下部的水仍是冷的。魚都躲在冷水裡，當然安然無

恙。不過時間可不能過久，否則內鍋下邊的水也會因為傳導
而熱了起來。

　　第二天，阿凡提提著魚缸來了。裡面的金魚，閃光發
亮，優哉遊哉。巴依老爺一看，饞涎欲滴，馬上令人煮魚。

　　「慢著，這可是神魚，你小心吃了冒犯神靈受懲罰。」
阿凡提說。「我偏要吃。」

　　「神魚是煮不死的，難道你要生吞活魚？」

　　「哪有煮不死的道理？拿鍋來，當面煮！」

　　「不必了，這裡有鍋。」阿凡提指指魚缸下面那盒子樣
的東西，拿開一看，原來是個鍋。阿凡提讓僕人倒進水去，
又舀了幾條金魚放進去，便在下面生起火來。過了一會兒，
鍋裡的水沸騰了，熱氣「突突」向外冒。阿凡提邊撥火邊舀
出鍋裡的開水灑在地上，啪啪作響。他大聲說：「水燒開
了，親眼看到了吧？再看魚呢？」他將魚倒進魚缸，活蹦亂
跳，根本不像在開水裡待過的。

　　「這就是神魚！煮不死的神魚！」巴依老爺愚昧無知，
迷信神明，便信以為真了，最後只好讓阿凡提帶著他的金魚
走了。

 物理碰碰車
親自煮金魚

　　下面我們親自來見證一下這個奇蹟。我們需要準備一支大試管、一個試管夾、一根蠟燭或者一盞酒精燈、一個試管口大小的隔離網和一條小魚。

　　1、先往大試管中注入2/3的水，然後把小魚放在試管底部，並用隔離網放在試管的中間部位，以免小魚游到水面的上層去。

　　2、點燃酒精燈或蠟燭，用試管夾夾住試管，並保持傾斜，讓火焰對準試管上部。

　　3、等待試管中的水沸騰後，觀察小魚。

　　你會發現小魚依然活蹦亂跳的，這就是因為試管上部的水已經沸騰，但試管下部的水依然是涼的。所以，小魚的生命絲毫沒有受到威脅。那麼，你能把自己實驗裝置的各個部分與阿凡提的鍋對應起來嗎？

給發燒的地球降降溫

如今，全球暖化已經成為嚴重威脅人類和其他生物生存的嚴峻話題。地球的溫度日益升高，人類排放的氣體讓它不堪重負，如果再不給發燒的地球降降溫，我們人類的命運真的是岌岌可危了！

如果想要給地球降溫，人類可以從哪些方面著手呢？目前，英國媒體給出了有效減緩全球變暖的10種方法，而且這些方法都是我們可以做到的。希望大家能夠加入到這個給地球降溫的行列中，改善我們的生活環境，善待人類的家園。那麼這10項建議是什麼呢？

1、依靠自己。這一招沒有新意，但卻是最管用的一招。我們在家裡和辦公室的時候一定要更有效地使用能源，盡可能使用新能源。

2、太陽能的使用。太陽能是地球上最豐富的免費能源。我們應該充分利用這種能源。

3、二氧化碳捕捉。人類應該努力開發這樣的技術，可

以把大氣中的二氧化碳充分利用，這是減緩全球暖化的最主要方式。目前，類似技術都耗能過大。

4、利用植物的能量。成長中的植物可以提供燃料，但卻遭到生態學家反對，而且這也會影響到糧食儲備。最好繼續開發最有前景的能源——利用藻類把太陽能轉化為燃料。

5、淨化排放的氣體。藻類又一次成為首選。在發電廠附近種植藻類，電廠廢氣中的二氧化碳可以被海藻過濾掉。海藻可以進一步被轉化成燃料或者變成乙醇燃料。

6、馴服海洋。可以把海底的冷水抽上來冷卻海面，於此同時，富營養的深水和相對貧瘠的海洋表層水就會混合在一起，這有利於藻類的生長，進而消耗水中的二氧化碳。

7、改變顏色。最好把地面的建築物刷成白色以起到降溫的作用。

8、做得更多一點。其實我們已經擁有了可以改變氣候的技術：如利用風能、太陽能等，我們需要的只是使用它們。

9、控制人口。目前世界人口是70億，並且正在以前所未有的速度增長，但是地球能夠提供的資源是非常有限的。

10、核能。原子能能量巨大，如果能夠發展成熟，我們就可以節省很多傳統能源，當然那也就可以少排放很多的二氧化碳。

物理碰碰車
什麼是溫室氣體

　　溫室氣體就是能使地球表面變暖的氣體，它們的作用就像溫室的大棚一樣，能夠截留太陽輻射並加熱溫室內的空氣。由於溫室氣體的影響而使地球變得更溫暖的現象被稱為「溫室效應」。水氣、二氧化碳、氧化亞氮、甲烷、臭氧等是地球大氣中最主要的溫室氣體。

讀好書品嚐人生的美味

聰明大百科：物理常識有 GO 讚！